机器学习算法框架实战

Java和Python实现

Constructing Machine Learning Framework by Java and Python

麦嘉铭◎编著

机械工业出版社
China Machine Press

图书在版编目（CIP）数据

机器学习算法框架实战：Java和Python实现 / 麦嘉铭编著. —北京：机械工业出版社，2020.7

ISBN 978-7-111-65975-4

Ⅰ. 机… Ⅱ. 麦… Ⅲ. ①JAVA语言－程序设计 ②软件工具－程序设计 Ⅳ. ①TP312.8 ②TP311.561

中国版本图书馆CIP数据核字（2020）第112733号

机器学习算法框架实战：Java 和 Python 实现

出版发行：机械工业出版社（北京市西城区百万庄大街22号　邮政编码：100037）

责任编辑：李华君　　　　　　　　　　　责任校对：姚志娟

印　　刷：中国电影出版社印刷厂　　　　版　　次：2020年7月第1版第1次印刷

开　　本：186mm×240mm　1/16　　　　印　　张：13.5

书　　号：ISBN 978-7-111-65975-4　　　定　　价：69.00元

客服电话：（010）88361066　88379833　68326294　　　投稿热线：（010）88379604

华章网站：www.hzbook.com　　　　　　　　　　读者信箱：hzit@hzbook.com

本书法律顾问：北京大成律师事务所　韩光/邹晓东

随着科技的迅猛发展，短短的几十年间，互联网几乎将全球的人联系了起来，世界上所发生的事件都开始相互影响。随即，大数据成为时代的热潮，人工智能技术有了长足的进步，智能化的概念渗透到各行各业。而这一切的背后，机器学习发挥着深远的影响，以至于似乎每个人都或多或少地需要接触机器学习。然而应该从何入手却是一个让人苦恼的问题。

为了解决这一问题，作者通过总结多年的知识积累及工作经验，分别用 Java 和 Python 两种业界主流的语言从零开始构建了一个机器学习算法框架，并浓缩成这本书，分享给想要学习机器学习算法框架的读者。本书以理论和实践相结合的方式带领读者快速上手。通过阅读本书，读者不仅可以学习机器学习算法框架，而且能够获得算法和工程实践相结合的经验。此外，书中的机器学习算法框架以分层架构的方式呈现，一方面有利于读者循序渐进地理解机器学习算法，另一方面能够帮助读者更好地理解算法在工程架构中的应用。

本书特色

1. 理论和实践相结合，读者理解更深刻

本书中的每一章内容都首先以简单易懂的方式展开理论阐述，随后在理论的基础上给出代码实现，并且给出相应的示例，进一步帮助读者理解相关概念。相信这种理论和实践相结合的方式能够更好地呈现知识，让读者更容易理解并留下深刻印象。因为纯理论的教科书显得枯燥无味，而只有代码实现的书则让读者知其然却不知其所以然。

2. 通过架构分层的方式由浅入深地展开阐述，让读者更易上手

本书从零开始构建一个机器学习算法框架，读者在阅读的过程中能够体会到整个框架的构建过程。书中采用的架构分层方式可以让读者由浅入深地掌握机器学习的相关知识，并且很容易快速上手。另外，读者也可以从书中体会到机器学习算法在工程实践中的应用。

3．两种语言实现，可兼顾不同背景的读者

本书分别用 Java 和 Python 两种业界主流的编程语言实现代码。Java 适合工业界的工作人员；Python 足够灵活，同时有丰富的机器学习开源库，适应面更广。不同语言背景的读者可以基于自己熟悉的语言进行学习，也可以对比两种语言在实现上的异同，从而更加深入地理解本书内容。

本书内容及体系结构

本书共 14 章，分为 5 篇，下面简单地进行介绍。

第1篇 绪论（第1、2章）

第 1 章主要介绍了一些重要的背景知识。该章首先解释了什么是机器学习，引出了机器学习的基本概念；然后阐述了相关的关键术语；接着讨论了机器学习所要解决的问题；最后针对如何选择机器学习算法给出了建议。

第 2 章重点阐述了机器学习算法框架的整体概要，引入了算法框架的分层模型，并介绍了分层模型中各层级的具体职责，最后讲解了搭建算法框架的准备工作。

第2篇 代数矩阵运算层（第3、4章）

第 3 章着重于矩阵运算层，首先介绍了矩阵运算库，接着给出了矩阵基本运算的具体实现，最后补充常用矩阵操作的实现。

第 4 章进一步扩展矩阵运算库，引入了矩阵相关函数的实现。该章首先介绍了常用函数的实现，包括协方差函数、均值函数、归一化函数、最大值函数和最小值函数；接着阐述了行列式函数、矩阵求逆函数、矩阵特征值和特征向量函数的实现；最后补充了矩阵正交化函数的具体实现。

第3篇 最优化方法层（第5、6章）

第 5 章介绍了一种通用模型的参数优化方法，即最速下降法。该章首先探讨了最速下降法的基本理论；然后动手设计参数优化器的接口，并且根据理论，具体实现了一个最速下降优化器；最后利用一个具体的例子，讲解了如何使用最速下降优化器来对模型的参数进行优化。

第 6 章介绍了另一种模型参数的优化方法，即遗传算法。该章首先讨论了最速下降法的局限性；然后引入了遗传算法的参数优化方法，并且根据理论，具体实现了遗传算法优化器；最后利用具体示例，讲解了如何使用遗传算法优化器进行模型参数的优化。

第4篇 算法模型层（第7～11章）

第 7 章介绍了最为基础的分类和回归模型。该章首先探讨了分类和回归的概念；然后根据理论，动手实现了不同的回归模型；最后利用具体示例讲解了如何使用基础回归模型对数据进行预测，同时对比了不同回归模型的效果。

第 8 章在前面章节所讲述的回归问题的基本模型和方法的基础上，进一步引入了一个更为复杂的解决回归问题的模型——多层神经网络模型。

第 9 章讨论了数据分析场景中应用广泛的聚类问题，并分别讲解了解决这种问题的两种经典模型，即 K-means 模型和 GMM（高斯混合模型）。

第 10 章主要介绍了最为经典的时间序列预测模型——Holt-Winters，重点剖析了它的基本原理及具体实现，并且通过示例进行实践。

第 11 章分别介绍了两种用于降维的模型，即主成分分析模型和自动编码机模型，并且在示例中对两者进行了对比。

第5篇 业务功能层（第12～14章）

第 12 章探讨了一种较为常用的功能服务，即时间序列异常检测。该章首先介绍了时间序列异常检测的应用场景；然后阐述了时间序列异常检测的基本原理；接下来给出了时间序列异常检测功能服务的具体实现；最后通过具体示例，演示了如何判断时间序列的异常数据。

第 13 章探讨了另一种较为常用的功能服务，即离群点检测。该章首先介绍了离群点检测的应用场景；随后阐述了离群点检测的基本原理；接下来给出了离群点功能服务的具体实现；最后通过具体示例，演示了如何使用离群点检测找出数据中的异常记录。

第 14 章探讨了本书的最后一种趋势线拟合。该章首先介绍了趋势线拟合的应用场景；然后阐述了它的基本原理；接下来给出了趋势线拟合功能服务的具体实现；最后通过具体示例，演示了如何对样本数据进行趋势线拟合。

本书配套资源

本书涉及的所有源代码文件及习题参考答案需要读者自行下载。请在华章公司的网站（www.hzbook.com）上搜索到本书，然后单击"资料下载"按钮，即可在本书页面上的"扩展资源"模块找到配书资源下载链接。

本书读者对象

- 计算机相关专业的本科生和研究生；
- 从事计算机相关专业教学的老师；
- IT 公司的开发工程师和算法工程师；
- 需要机器学习工具书的人员；
- 其他对机器学习感兴趣的各类人员。

勘误与售后支持

因受笔者水平所限，本书难免有疏漏和不当之处，敬请指正。阅读本书时读者若有疑问发现了疏漏，请发 E-mail 到 hzbook2017@163.com，笔者会对所提问题进行核实，并在后期加印时更正错漏。

|目录|

第3篇 最优化方法层

第4篇　算法模型层

第 5 篇　业务功能层

第1篇
绪论

第1章 背　　景

本章主要介绍一些重要的背景知识，首先解释什么是机器学习，引出机器学习的基本概念，然后阐述相关的关键术语，接着讨论机器学习所要解决的问题，最后针对如何选择机器学习算法给出建议。

1.1　机器学习的概念

机器学习这个词相信很多人都已经耳熟能详，但究竟什么是机器学习？事实上，关于机器学习的定义，业界有着许多不同的说法，并没有唯一确定的答案。不过，在各种不同的定义之上，我们依然可以抽象出一个通用的表述，本书试图采用数学语言的表达方式来描述机器学习这一概念。广义的机器学习是指对符合以下原则的一系列算法进行研究的学科。

- 算法包含一个模型 $F(X; W)$，其中 X 是输入，W 是模型的参数；
- 算法的目的在于借助模型 $F(X; W)$，当给予特定的输入 X 时得到有益的输出；
- 算法通过一定的手段来优化模型的参数 W，使得其输出更加有效。

其中，模型可以是一个抽象的函数，这个函数维护着输入和输出的关系，具有一定的形式，通过优化参数可以进一步修正输入和输出的关系。

下面以一个具体的例子帮助读者理解上述的原则。假设我们希望构建一个机器学习算法，根据产品的历史销售业绩，来预测下一季度的销售额。那么，这个机器学习算法存在模型 $F(X; W)$ 能够产生有益的输出，而在这个例子中所谓有益的输出是指预测的销售额更贴近实际情况。进一步假设模型 $F(X; W)=X^{T}W$，这里 $X^{T}W$ 则为 $F(X; W)$ 的具体表现形式，X 表示具体的季度，而当参数 W 确定时，输入 X 能够根据 $F(X; W)$ 得到固定的输出，即某个季度对应的销售额。最后，通过一定的方法调整参数 W，可以进一步使得利用 $F(X; W)$ 预测销售额时更加贴近实际情况。

按照上述的这种定义，可以发现其他一些我们平时接触到的学科，包括模式识别、数学统计方法等都可以纳入机器学习这个范畴当中。

1.2 机器学习所解决的问题

上一节我们了解了什么是机器学习,那么机器学习具体解决什么样的问题呢?一般认为,机器学习主要解决两类问题:有监督学习问题和无监督学习问题。接下来我们分别对这两类问题进行阐述。

1.2.1 有监督学习问题

有监督学习问题包含 5 个要素,分别是训练样本输入 X_{train}、训练样本标签 Y_{train}、输入 X、模型 F 和输出 $F(X)$。有监督学习,一般分为两个阶段。第一阶段是模型的训练阶段,如图 1.1a) 所示,模型 F 在训练时,根据训练样本输入 X_{train} 和训练样本标签 Y_{train} 进行优化。第二阶段为模型的决策阶段,如图 1.1b) 所示,决策时利用第一阶段训练好的模型 F,根据输入 X 输出对应的 $F(X)$。

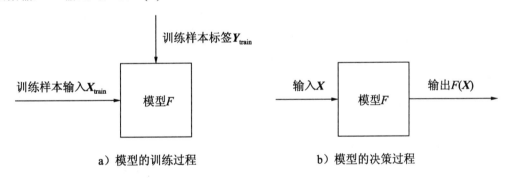

图 1.1 有监督学习的训练和决策过程

有监督学习问题又可细分为分类问题和回归问题。当模型输出 $F(X)$ 为离散值,即其取值范围为有限集合时,为回归问题;而当模型输出 $F(X)$ 为连续值,即其取值范围为无限集合时,则为分类问题。为了更好地区分分类问题和回归问题,下面分别举出一些例子。

以下这些问题属于分类问题:

1)根据花卉的特征判断是哪一种花;

2)根据邮件内容判断是否为垃圾邮件;

3)根据人的面部特征识别其年龄;

4)根据机器的 CPU 负载和内存使用率判断当前的运作是否有异常;

5)根据中国古代器皿的特征判断它出产于哪个朝代。

以下这些问题则属于回归问题：

6）根据大气监测数据预测明天的气温；

7）根据某一区的房产交易数据判断某幢楼房的价格；

8）根据城市交通路况数据预测某个路口下午 2 点发生交通拥堵的概率；

9）根据产品历史销售情况预测下个季度的销售额；

10）根据历史股价来预测明天的股价。

首先让我们来分析一下问题 1）至问题 5）为什么属于分类问题。问题 1）实际上是对一种花卉的区分，花的种类是有限的，因此属于分类问题；问题 2）是对邮件进行区分，由于结果只可能是垃圾邮件或非垃圾邮件中的一种，因此属于分类问题；问题 3）是根据人的面部特征区分年龄，人的寿命是有限的，一般不会超过 150 岁，所以结果限定在 0 岁到 150 岁之间，属于分类问题；问题 4）是根据机器的性能指标来判断是否有异常，结果只可能是正常或异常中的一种，因此也属于分类问题；问题 5）是根据器皿的特征判断所属朝代，由于我国的朝代也是有限的，所以也属于分类问题。

接下来再来看看问题 6）至问题 10）为什么属于回归问题。问题 6）和 7）中的气温和房价是一定范围内的连续值，因此属于回归问题；问题 7）中的概率可以取[0, 1]之间的任意实数，所以属于回归问题；问题 9）和问题 10）所预测出来的销售额和股价同样可以是一定范围内的任意实数，所以也属于回归问题。

关于分类和回归问题我们将在第 7 章进一步深入讨论。

1.2.2　无监督学习

如图 1.2 所示为无监督学习问题的训练和决策过程。

a）模型的训练过程　　　　　　　　　　b）模型的决策过程

图 1.2　无监督学习的训练和决策过程

无监督学习问题，顾名思义，即模型在学习或训练的过程当中没有样本数据标签 Y_{train} 参与。最为常见的无监督学习问题主要有聚类问题和降维问题。

一个聚类问题通常符合特征：给定一个数据集 $X=\{X_1, X_2, \cdots, X_n\}$，数据集包含了每个元素 X_i 的属性 $X_i=[x_1, x_2, \cdots, x_m]$，但事先并不知道每个元素所属的类别，要对数据集中的元素划分至不同的类别 $C_1, C_2, \cdots, C_k$。由于事先并不知道元素 X_i 所属的类别，所以训练

样本标签 Y_{train} 并不存在，需要单纯从数据集 $X_{train}=X$ 本身出发解决问题。关于聚类问题的详细内容将在第 9 章中进行讨论。

一个降维问题通常符合特征：给定一个数据集 $X=\{X_1, X_2, \cdots, X_n\}$，数据集包含了每个元素 X_i 的属性 $X_i=[x_1, x_2, \cdots, x_m]$，需要对元素 X_i 已有的属性 $X_i=[x_1, x_2, \cdots, x_m]$ 进行压缩，用更少的新属性 $[s_1, s_2, \cdots, s_t]$ 来表征元素，而新属性不一定是已有属性的子集。降维问题的重点在于实现元素的重新表达，因此同样不存在训练标签 Y_{train} 的参与。关于降维问题的详细内容将在第 11 章中进行讨论。

除此之外，其他无监督学习问题还包括关联问题，即挖掘数据集中某些数据相互之间的关联性，有兴趣的读者可自行了解。

1.3　如何选择机器学习算法

目前，机器学习的算法五花八门、种类繁多，而且层出不穷，我们应该如何选择合适的机器学习算法来解决问题呢？笔者认为首先要对问题进行定性，针对具体的问题，判断出该问题属于哪一种类型的问题，然后根据具体情况选择合适的算法。

例如，假设要将客户划分成不同的群体，那么首先应当明确这不是一个有监督的学习问题，因为在这个问题中并没有标签可以作为训练的依据，因此它是一个无监督学习问题。更进一步，它贴近于无监督学习问题中的聚类问题。此时，我们已经将选择的范围缩小到解决聚类问题的算法之中，而接下来要做的就是根据实际情况从一系列用于聚类的算法中选出最合适的算法，这时候可能需要考虑到的情况如下：

- 算法的效率：这取决于应用场景是否有实时性的要求。
- 算法的准确性：这取决于应用场景是否对准确性有较高的要求，实际情况中准确性和效率之间往往需要有所取舍。
- 算法实现的难易程度：尽管大部分情况下都只需考虑效率和准确性，但在工程项目中实现的难易程度也是一个关键因素。如果某个算法过于复杂，没有现存的易用的第三方库，或者第三方库有开发语言方面的限制，以及依赖了太多组件，那么应用起来会非常不便，增大了开发和部署的成本。

综上所述，读者可以通过上述原则根据实际问题选择适合的机器学习算法。

1.4　习　　题

通过下面的习题来检验本章的学习效果。

1．"根据历史数据以及现阶段的天气状况预测明天是否会下雨"这一问题属于有监督学习问题中的分类问题还是回归问题？

2．假设你能获得所在城市的所有区域房地产销售信息，并且给定你所在城市某一区域的一套房子的全部信息，如果不采用机器学习算法，让你估计房子的售价，你会如何估计？

3．假设学校操场中有一群学生，如果让你根据学生的身高将所有学生分成三类，你会如何实现？

第 2 章　机器学习算法框架概要

在第 1 章中，我们介绍了机器学习算法的背景知识和基本概念。本章将重点阐述机器学习算法框架的整体概要，引入算法框架的分层模型，并介绍分层模型中各层级的具体职责，最后讲解搭建算法框架的准备工作。

2.1　算法框架的分层模型

任何一个机器学习的算法模型都是为了解决实际问题而设计的，而算法模型的输入和输出往往是与实际应用场景无关的抽象的数据结构。因此，要借助算法模型解决实际问题，就必然存在一个数据结构的转储过程。除此之外，实际问题的处理过程往往需要使用不止一种算法模型，有可能需要调动不同类型的算法模型来解决问题。由此自然而然地存在一个分层次的抽象模型。如图 2.1 所示为本书所采用的算法框架分层模型。

读者可能会疑惑，为什么需要分层？事实上，算法框架旨在提供一个相对通用的有较好的可扩展性的架构，我们能够借助它更加便捷地解决实际场景中的应用问题，而并非要解决一个具体的算法问题。不同的业务功能之间，必定有不少交叉的地方，比如大部分的业务场景可能需要用到聚类算法。

试想一下，假如针对业务功能就开发一套定制的算法解决方案，那么大量重复开发的工作将导致开发效率非常低，并且最终的代码很有可能变成蜘蛛网似的结构。分层的目的一方面是为了降低复杂度，另一方面是为了减少开发成本，提高可复用性。接下来我们对每一层各自的职责进行详细阐述。

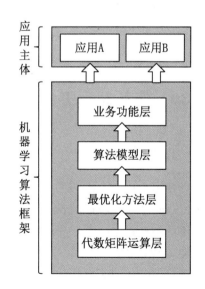

图 2.1　机器学习算法框架的分层模型

2.2 分层模型中各层级的职责

图 2.1 所示的算法框架分层模型,其层级关系自下而上分别为代数矩阵运算层、最优化方法层、算法模型层和业务功能层,每层的职责介绍如下。

- 代数矩阵运算层:最基础的层级,提供基本的代数矩阵运算能力,负责解决和封装所有涉及矩阵运算的底层逻辑。
- 最优化方法层:为算法模型层中具体的算法模型提供所需的最优化方法,使得算法模型在实现参数优化时,可以复用不同类型的优化方法。
- 算法模型层:该层的下层和上层分别是最优化方法层和业务功能层,它包含了各种不同类型的算法模型。由于具体的算法模型在实现时涉及参数的优化,往往需要使用最优化方法来对算法模型参数进行优化,因此下层由最优化方法层予以支撑,同时为上层的业务功能提供具体的算法实现。
- 业务功能层:该层包含了不同类型的服务,每一类服务对应着一种业务场景,直接为不同的应用主体提供功能接口。

2.3 开始搭建框架的准备工作

在搭建整个算法框架之前,我们还需要做一些准备工作。接下来分别介绍以 Java 和 Python 开发所做的准备工作,读者可根据自己所使用的开发语言自行选择阅读。

2.3.1 使用 Java 开发的准备工作

1. 安装JDK

使用 Java 进行开发首先需要安装 JDK,本书统一采用的 JDK 版本是 1.8,其下载地址为:https://www.oracle.com/technetwork/java/javase/downloads/jdk8-downloads-2133151.html 在不同的操作系统上,安装步骤有细微区别,读者可以根据自己的操作系统类型参考如下 JDK 安装步骤。

1)在 Windows 上安装 JDK。

对于 Windows 用户,直接下载针对 Windows 的 exe 安装程序即可。64 位的 Windows 系统应选择 Windows x64 的安装程序进行下载,32 位的 Windows 系统则选择 Windows x86

的安装程序进行下载，如图 2.2 所示。

图 2.2　Windows 操作系统的 JDK 安装程序

下载完毕后，直接运行安装程序进行安装即可。

2）在 Linux 上安装 JDK。

对于 Linux 用户，如果操作系统是 64 位，选择 Linux x64 的 tar.gz 文件进行下载；如果操作系统是 32 位，则选择 Linux x86 的 tar.gz 文件进行下载，如图 2.3 所示。

图 2.3　Linux 操作系统的 JDK 安装程序

下载完毕后解压：

```
$ tar -zxvf jdk-8u211-linux-x64.tar.gz -C /usr/local/jdk
```

解压后配置环境变量：

```
$ echo "export JAVA_HOME=/usr/local/jdk" >> ~/.bash_profile
$ echo "export CLASSPATH=.:${JAVA_HOME}/lib" >> ~/.bash_profile
$ echo "export PATH=${JAVA_HOME}/bin:${PATH}" >> ~/.bash_profile
$ source ~/.bash_profile
```

查询 JDK 版本信息，验证是否安装成功：

```
$ java -version
```

如果正常输出以下版本信息，则说明安装成功。

```
java version "1.8.0_211"
Java(TM) SE Runtime Environment (build 1.8.0_211-b12)
Java HotSpot(TM) 64-Bit Server VM (build 25.211-b12, mixed mode)
```

3）在 Mac OS X 上安装 JDK。

对于 Mac OS X 用户，直接下载针对 Mac OS X 的 dmg 安装程序即可，如图 2.4 所示。

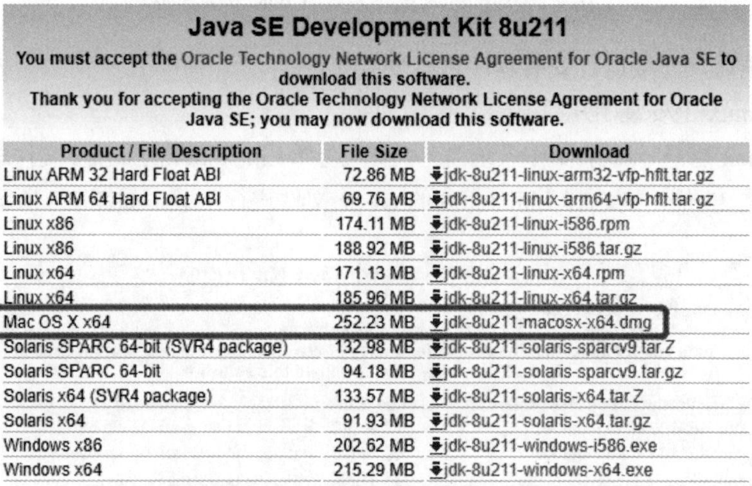

Java SE Development Kit 8u211

You must accept the Oracle Technology Network License Agreement for Oracle Java SE to download this software.
Thank you for accepting the Oracle Technology Network License Agreement for Oracle Java SE; you may now download this software.

Product / File Description	File Size	Download
Linux ARM 32 Hard Float ABI	72.86 MB	⬇jdk-8u211-linux-arm32-vfp-hflt.tar.gz
Linux ARM 64 Hard Float ABI	69.76 MB	⬇jdk-8u211-linux-arm64-vfp-hflt.tar.gz
Linux x86	174.11 MB	⬇jdk-8u211-linux-i586.rpm
Linux x86	188.92 MB	⬇jdk-8u211-linux-i586.tar.gz
Linux x64	171.13 MB	⬇jdk-8u211-linux-x64.rpm
Linux x64	185.96 MB	⬇jdk-8u211-linux-x64.tar.gz
Mac OS X x64	252.23 MB	⬇jdk-8u211-macosx-x64.dmg
Solaris SPARC 64-bit (SVR4 package)	132.98 MB	⬇jdk-8u211-solaris-sparcv9.tar.Z
Solaris SPARC 64-bit	94.18 MB	⬇jdk-8u211-solaris-sparcv9.tar.gz
Solaris x64 (SVR4 package)	133.57 MB	⬇jdk-8u211-solaris-x64.tar.Z
Solaris x64	91.93 MB	⬇jdk-8u211-solaris-x64.tar.gz
Windows x86	202.62 MB	⬇jdk-8u211-windows-i586.exe
Windows x64	215.29 MB	⬇jdk-8u211-windows-x64.exe

图 2.4　Mac OS X 操作系统的 JDK 安装程序

下载完毕后，直接运行安装程序进行安装即可。

2. 安装Maven

Apache Maven 下载地址为 http://maven.apache.org/download.cgi。

如图 2.5 所示，选择 apache-maven-3.6.1-bin.zip 进行下载（截至写作本书时，Apache Maven 的版本更新到了 3.6.1），解压后配置环境变量，不同操作系统配置环境变量的操作有细微差别，读者可以根据自己的操作系统类型参考以下的配置步骤。

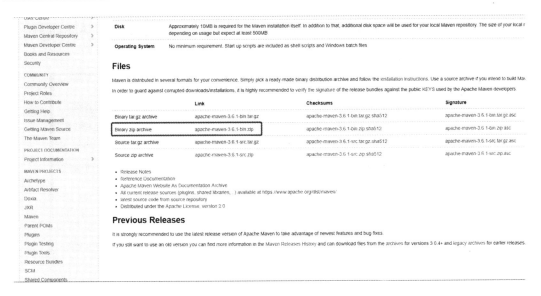

图 2.5　Apache Maven 的下载页面

1）在 Windows 上配置环境变量。

右击"我的电脑"，在弹出的快捷菜单中选择"属性"命令，打开系统控制面板，选择"高级系统设置"选项，弹出"系统属性"对话框，在"高级"选项卡中单击"环境变量"按钮，在弹出的"环境变量"对话框中的"系统变量"对话框中新建一个 MAVEN_HOME 变量，指定 Maven 解压后所在目录，如图 2.6 所示。

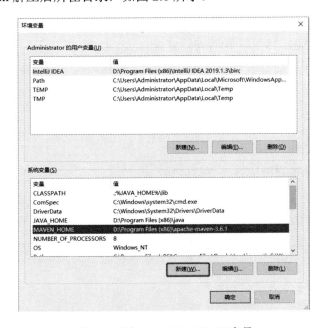

图 2.6　添加 MAVEN_HOME 变量

最后修改 Path 变量，新建一条记录%MAVEN_HOME%\bin，用于指定 Maven 解压目录下的 bin 目录，如图 2.7 所示。

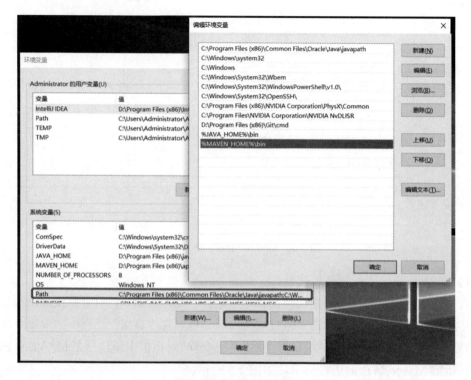

图 2.7　修改 Path 变量

2）在 Linux 或 Mac OS X 上配置环境变量。

假设 Maven 解压后的目录为/usr/local/maven，可输入以下命令添加环境变量：

```
$ echo "export MAVEN_HOME=/usr/local/maven" >> ~/.bash_profile
$ echo PATH=${MAVEN_HOME}/bin:${PATH} >> ~/.bash_profile
```

更新环境变量：

```
$ source ~/.bash_profile
```

查询 Maven 版本信息验证是否安装成功：

```
$ mvn -v
```

若输出以下版本信息，则说明安装成功。

```
Apache Maven 3.6.1 (d66c9c0b3152b2e69ee9bac180bb8fcc8e6af555; 2019-04-
05T03:00:29+08:00)
```

3．框架目录结构

使用 Java 实现算法框架时，其工程目录结构如图 2.8 所示。

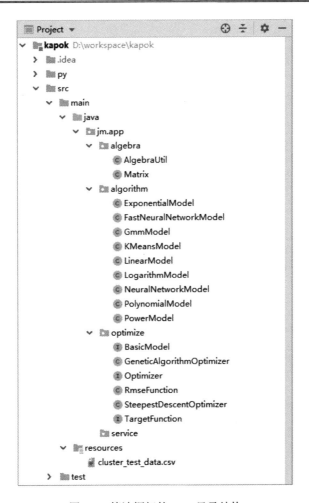

图 2.8　算法框架的 Java 目录结构

该目录主要有 4 个包：algebra、algorithm、optimize 和 service，分别表示代数矩阵运算层、算法模型层、最优化方法层和业务功能层，对应图 2.1 中的 4 个层级。后续章节在讲解实现代码时，会将代码根据所在的层级放在相应的包中。

2.3.2　使用 Python 开发的准备工作

1. 安装Python

使用 Python 进行开发首先需要安装 Python，本书统一采用 Python 3.7.3，其下载地址为 https://www.python.org/downloads/release/python-373。在不同的操作系统上，安装步骤有细微区别，读者可以根据自己的操作系统类型参考以下的 Python 安装步骤。

1）在 Windows 上安装 Python。

对于 Windows 用户，直接下载针对 Windows 的安装程序即可。64 位的 Windows 系统应选择 Windows x64 的安装程序进行下载，32 位的 Windows 系统则选择 Windows x86 的安装程序进行下载，如图 2.9 所示。

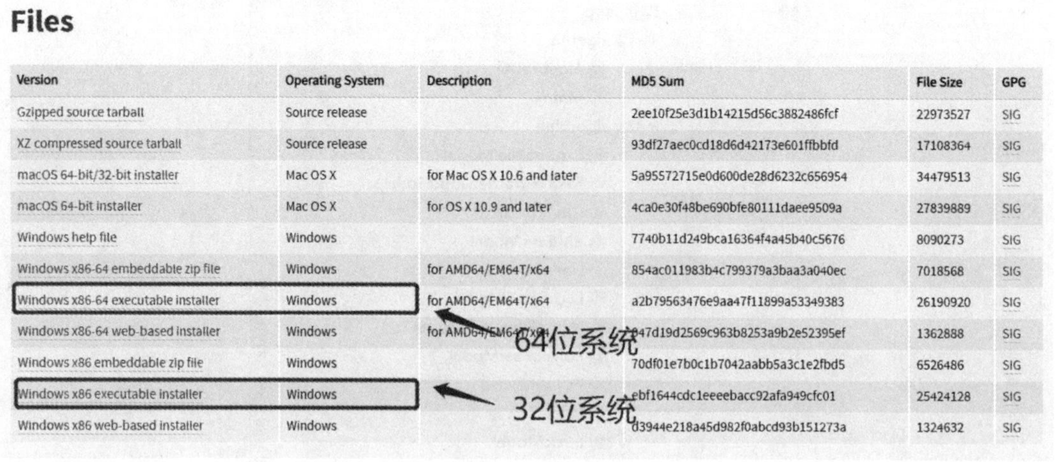

Files

Version	Operating System	Description	MD5 Sum	File Size	GPG
Gzipped source tarball	Source release		2ee10f25e3d1b14215d56c3882486fcf	22973527	SIG
XZ compressed source tarball	Source release		93df27aec0cd18d6d42173e601ffbbfd	17108364	SIG
macOS 64-bit/32-bit installer	Mac OS X	for Mac OS X 10.6 and later	5a95572715e0d600de28d6232c656954	34479513	SIG
macOS 64-bit installer	Mac OS X	for OS X 10.9 and later	4ca0e30f48be690bfe80111daee9509a	27839889	SIG
Windows help file	Windows		7740b11d249bca16364f4a45b40c5676	8090273	SIG
Windows x86-64 embeddable zip file	Windows	for AMD64/EM64T/x64	854ac011983b4c799379a3baa3a040ec	7018568	SIG
Windows x86-64 executable installer	Windows	for AMD64/EM64T/x64	a2b79563476e9aa47f11899a53349383	26190920	SIG
Windows x86-64 web-based installer	Windows	for AMD64/EM64T/x64	047d19d2569c963b8253a9b2e52395ef	1362888	SIG
Windows x86 embeddable zip file	Windows		70df01e7b0c1b7042aabb5a3c1e2fbd5	6526486	SIG
Windows x86 executable installer	Windows		ebf1644cdc1eeeebacc92afa949cfc01	25424128	SIG
Windows x86 web-based installer	Windows		d3944e218a45d982f0abcd93b151273a	1324632	SIG

（64位系统、32位系统标注）

图 2.9　Windows 操作系统的 Python 安装程序

下载完毕后，直接运行安装程序进行安装即可。

2）在 Linux 上安装 Python。

对于 Linux 用户，直接下载 tgz 压缩包，如图 2.10 所示。

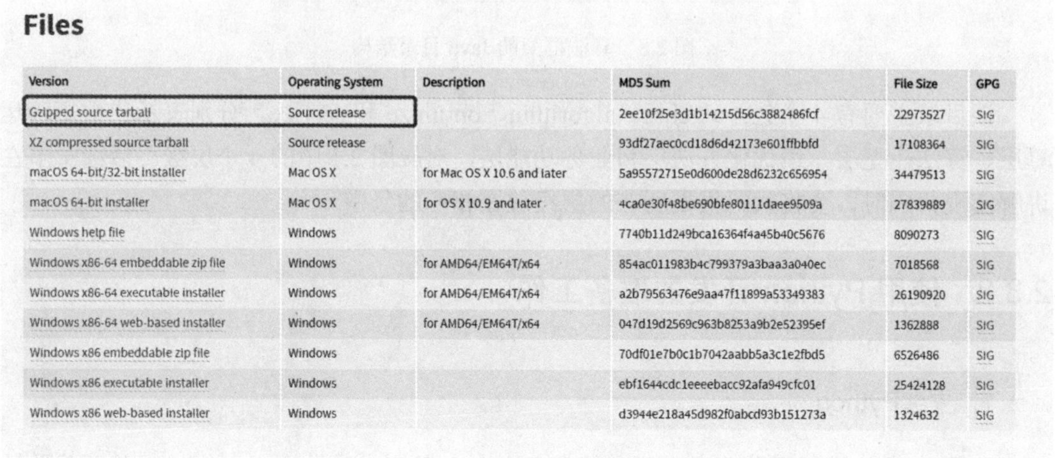

Files

Version	Operating System	Description	MD5 Sum	File Size	GPG
Gzipped source tarball	Source release		2ee10f25e3d1b14215d56c3882486fcf	22973527	SIG
XZ compressed source tarball	Source release		93df27aec0cd18d6d42173e601ffbbfd	17108364	SIG
macOS 64-bit/32-bit installer	Mac OS X	for Mac OS X 10.6 and later	5a95572715e0d600de28d6232c656954	34479513	SIG
macOS 64-bit installer	Mac OS X	for OS X 10.9 and later	4ca0e30f48be690bfe80111daee9509a	27839889	SIG
Windows help file	Windows		7740b11d249bca16364f4a45b40c5676	8090273	SIG
Windows x86-64 embeddable zip file	Windows	for AMD64/EM64T/x64	854ac011983b4c799379a3baa3a040ec	7018568	SIG
Windows x86-64 executable installer	Windows	for AMD64/EM64T/x64	a2b79563476e9aa47f11899a53349383	26190920	SIG
Windows x86-64 web-based installer	Windows	for AMD64/EM64T/x64	047d19d2569c963b8253a9b2e52395ef	1362888	SIG
Windows x86 embeddable zip file	Windows		70df01e7b0c1b7042aabb5a3c1e2fbd5	6526486	SIG
Windows x86 executable installer	Windows		ebf1644cdc1eeeebacc92afa949cfc01	25424128	SIG
Windows x86 web-based installer	Windows		d3944e218a45d982f0abcd93b151273a	1324632	SIG

图 2.10　Linux 操作系统的 Python 安装程序

下载后进行解压和安装：

```
$ tar -zxvf Python-3.7.3.tgz
$ cd Python-3.7.3
$ ./configure --prefix=/usr/local/python3.7.3
$ make
$ make install
$ cp /usr/local/python3.7.3/bin/python3 /usr/local/bin/
$ cp /usr/local/python3.7.3/bin/pip3 /usr/local/bin/
```

输入以下命令进入 Python 环境验证安装是否成功：

```
$ python3
```

如果进入 Python 命令行操作界面，则说明安装成功。

3）在 Mac OS X 上安装 Python。

对于 Mac OS X 用户，根据自己操作系统的版本，直接下载针对 Mac OS X 的安装程序即可，如图 2.11 所示。

Files

Version	Operating System	Description	MD5 Sum	File Size	GPG
Gzipped source tarball	Source release		2ee10f25e3d1b14215d56c3882486fcf	22973527	SIG
XZ compressed source tarball	Source release		93df27aec0cd18d6d42173e601ffbbfd	17108364	SIG
macOS 64-bit/32-bit installer	Mac OS X	for Mac OS X 10.6 and later	5a95572715e0d600de28d6232c656954	34479513	SIG
macOS 64-bit installer	Mac OS X	for OS X 10.9 and later	4ca0e30f48be690bfe80111daee9509a	27839889	SIG
Windows help file	Windows		7740b11d249bca16364f4a45b40c5676	8090273	SIG
Windows x86-64 embeddable zip file	Windows	for AMD64/EM64T/x64	854ac011983b4c799379a3baa3a040ec	7018568	SIG
Windows x86-64 executable installer	Windows	for AMD64/EM64T/x64	a2b79563476e9aa47f11899a53349383	26190920	SIG
Windows x86-64 web-based installer	Windows	for AMD64/EM64T/x64	047d19d2569c963b8253a9b2e52395ef	1362888	SIG
Windows x86 embeddable zip file	Windows		70df01e7b0c1b7042aabb5a3c1e2fbd5	6526486	SIG
Windows x86 executable installer	Windows		ebf1644cdc1eeeebacc92afa949cfc01	25424128	SIG
Windows x86 web-based installer	Windows		d3944e218a45d982f0abcd93b151273a	1324632	SIG

图 2.11　Mac OS X 操作系统的 Python 安装程序

下载完毕后，直接运行安装程序进行安装即可。

2. 安装NumPy依赖库

NumPy 是专门用于矩阵运算的一个 Python 库，由于算法开发时会涉及大量的矩阵运算操作，所以 NumPy 依赖库必不可少。在不同操作系统上，安装步骤有所区别，读者可以根据自己的操作系统类型参考以下的 NumPy 库安装步骤。

在 Windows 上安装 NumPy 依赖库：在 https://pypi.org/project/NumPy/#files 上根据操作系统的位数下载针对 Windows 的 NumPy 依赖安装包，如图 2.12 所示。

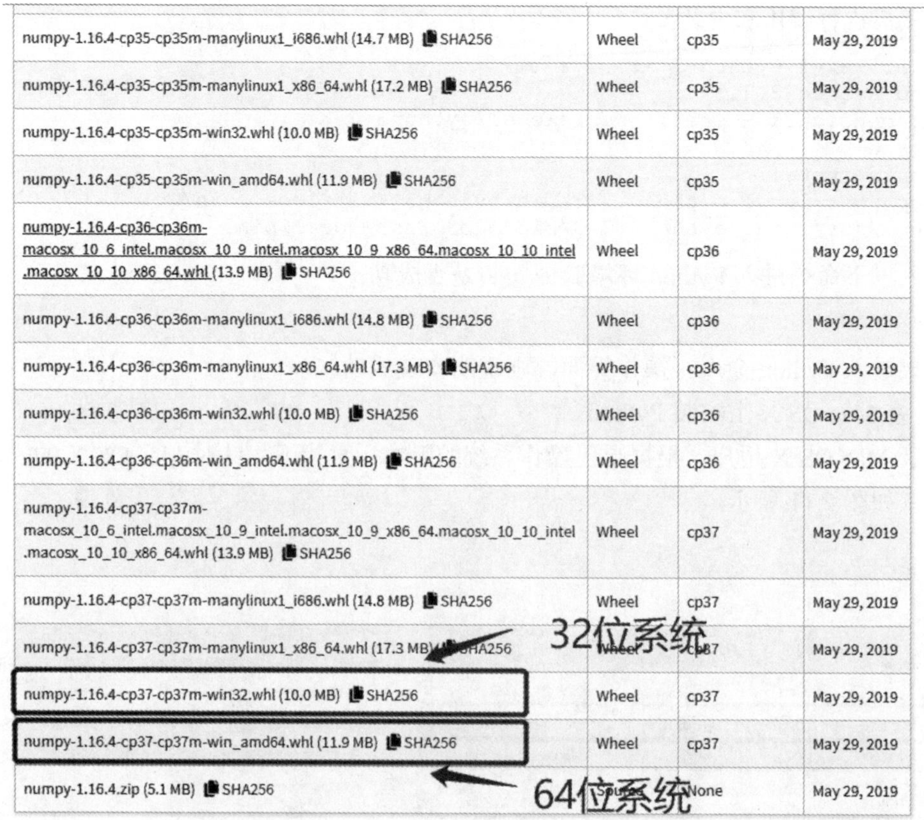

numpy-1.16.4-cp35-cp35m-manylinux1_i686.whl (14.7 MB) 📋SHA256		Wheel	cp35	May 29, 2019
numpy-1.16.4-cp35-cp35m-manylinux1_x86_64.whl (17.2 MB) 📋SHA256		Wheel	cp35	May 29, 2019
numpy-1.16.4-cp35-cp35m-win32.whl (10.0 MB) 📋SHA256		Wheel	cp35	May 29, 2019
numpy-1.16.4-cp35-cp35m-win_amd64.whl (11.9 MB) 📋SHA256		Wheel	cp35	May 29, 2019
numpy-1.16.4-cp36-cp36m-macosx_10_6_intel.macosx_10_9_intel.macosx_10_9_x86_64.macosx_10_10_intel.macosx_10_10_x86_64.whl (13.9 MB) 📋SHA256		Wheel	cp36	May 29, 2019
numpy-1.16.4-cp36-cp36m-manylinux1_i686.whl (14.8 MB) 📋SHA256		Wheel	cp36	May 29, 2019
numpy-1.16.4-cp36-cp36m-manylinux1_x86_64.whl (17.3 MB) 📋SHA256		Wheel	cp36	May 29, 2019
numpy-1.16.4-cp36-cp36m-win32.whl (10.0 MB) 📋SHA256		Wheel	cp36	May 29, 2019
numpy-1.16.4-cp36-cp36m-win_amd64.whl (11.9 MB) 📋SHA256		Wheel	cp36	May 29, 2019
numpy-1.16.4-cp37-cp37m-macosx_10_6_intel.macosx_10_9_intel.macosx_10_9_x86_64.macosx_10_10_intel.macosx_10_10_x86_64.whl (13.9 MB) 📋SHA256		Wheel	cp37	May 29, 2019
numpy-1.16.4-cp37-cp37m-manylinux1_i686.whl (14.8 MB) 📋SHA256		Wheel	cp37	May 29, 2019
numpy-1.16.4-cp37-cp37m-manylinux1_x86_64.whl (17.3 MB) 📋SHA256		Wheel	cp37	May 29, 2019
numpy-1.16.4-cp37-cp37m-win32.whl (10.0 MB) 📋SHA256		Wheel	cp37	May 29, 2019
numpy-1.16.4-cp37-cp37m-win_amd64.whl (11.9 MB) 📋SHA256		Wheel	cp37	May 29, 2019
numpy-1.16.4.zip (5.1 MB) 📋SHA256		Source	None	May 29, 2019

32位系统

64位系统

图 2.12　Windows 操作系统的 NumPy 安装包

将下载后的安装包复制到 Python 安装目录的 Scripts 目录下，并打开 cmd 命令行，跳转到 Scripts 目录下，运行以下命令安装 NumPy 依赖库（这里以 64 位操作系统为例）：

```
> pip3 install numpy-1.16.4-cp37-cp37m-win-amd64.whl
```

打开 Python 命令行，导入 NumPy 库验证安装是否成功：

```
>>> import numpy
```

如果没有抛出异常，则说明安装成功。

在 Linux 或 Mac OS X 上安装 NumPy 相对较为简单方便，输入以下命令直接通过 pip 自动安装 NumPy 即可：

```
$ pip3 install numpy
```

验证是否安装成功：

```
$ python3
>>> import numpy
```

如果没有抛出异常，则说明安装成功。

3．框架目录结构

使用 Python 实现算法框架时，工程目录结构如图 2.13 所示。

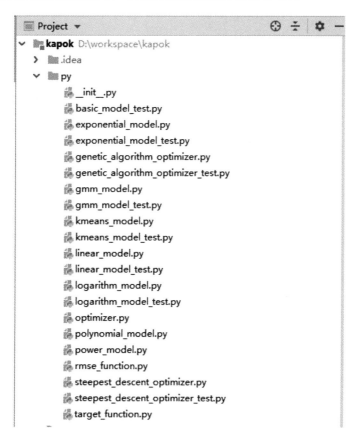

图 2.13　算法框架的 Python 目录结构

　　该目录主要有 4 个包：algebra、algorithm、optimize 和 service，分别表示代数矩阵运算层、算法模型层、最优化方法层和业务功能层，对应图 2.1 中的 4 个层级。后续的章节在讲解实现代码时，根据所在的层级放在相应的包中。

第 2 篇
代数矩阵运算层

第 3 章　矩阵运算库

第 2 章介绍了整个机器学习算法框架的分层思想。本章我们将从代数矩阵运算层开始，正式进入算法框架的开发。首先介绍矩阵运算库；接着给出矩阵基本运算的具体实现，包括矩阵的加法、减法、乘法、点乘和转置操作；最后补充常用矩阵操作的实现，包括生成单位矩阵、矩阵复制和矩阵合并等操作。

3.1　矩阵运算库概述

通过第 2 章的学习，我们已经了解到矩阵运算层在整个算法框架中属于最基础的层级，它提供了基本的代数矩阵运算能力，负责解决和封装所有涉及矩阵运算的底层逻辑。由于几乎所有的算法都需要用到矩阵运算，所以矩阵运算对于整个算法框架而言，是不可或缺的部分。

矩阵运算库是矩阵运算层中的实体部分，它提供了矩阵的相加、相减、相乘、数乘、转置和求逆等各种矩阵的操作实现，使得上层调用方只需要关心数学上如何表达即可，而无须考虑矩阵运算方面的具体实现。

3.2　矩阵基本运算的实现

矩阵的基本运算包括矩阵的加法、减法、乘法、点乘、转置和求逆等操作。下面先介绍矩阵的数据结构，再分别对每一种操作的实现展开阐述。

3.2.1　矩阵的数据结构

既然涉及矩阵的运算，那么首先需要考虑的是矩阵的数据结构。

1. Java实现

代码 3.1 给出了表示矩阵数据结构的 Matrix 类的实现。

代码 3.1　Matrix.java

```java
 1    package jm.app.algebra;
 2    import java.math.BigDecimal;
 3
 4    public class Matrix {
 5        // 用于存储矩阵的实体，这里用一个二维 BigDecimal 数组表示
 6        private BigDecimal[][] mat;
 7        // 矩阵的行数
 8        private int rowNum;
 9        // 矩阵的列数
10        private int colNum;
11
12        // Matrix 的构造函数，这里需要给定矩阵的行数和列数
13        public Matrix(int rowNum, int colNum) {
14            this.rowNum = rowNum;
15            this.colNum = colNum;
16            mat = new BigDecimal[rowNum][colNum];
17            // 初始化矩阵
18            initializeMatrix();
19        }
20
21        // intializeMatrix 方法用于初始化矩阵，将矩阵的所有元素都设为 0
22        private void initializeMatrix() {
23            for (int i = 0; i < rowNum; i ++) {
24                for (int j = 0; j < colNum; j++) {
25                    mat[i][j] = new BigDecimal(0.0);
26                }
27            }
28        }
29
30        // setValue 方法用于设置矩阵的元素，x1 和 x2 表示矩阵的行和列，value 是要设
           置的值
31        public void setValue(int x1, int x2, double value) {
32            mat[x1][x2] = new BigDecimal(value);
33        }
34
35        // setValue 的重载方法
36        public void setValue(int x1, int x2, BigDecimal value) {
37            mat[x1][x2] = value;
38        }
39        // 指定行 x1 和列 x2，获取矩阵对应位置上的元素
40        public BigDecimal getValue(int x1, int x2) {
41            return mat[x1][x2];
42        }
43
44        // 获取矩阵的行数
45        public int getRowNum() {
46            return rowNum;
47        }
48
49        // 获取矩阵的列数
50        public int getColNum() {
```

```
51          return colNum;
52      }
53
54      // 重写默认的 toString 方法，用更加友好的方式打印出来
55      @Override
56      public String toString() {
57          StringBuilder sb = new StringBuilder();
58          for (int i = 0; i < rowNum; i++) {
59              for (int j = 0; j < colNum; j++) {
60                  sb.append(String.format("%15f", mat[i][j].doubleValue()));
61              }
62          }
63          return sb.toString();
64      }
65  }
```

2．Python实现

由于 Python 的 NumPy 库已经很好地实现了许多矩阵的运算操作，所以我们只需要掌握它的用法即可。代码 3.2 给出了一个利用 NumPy 库创建矩阵的示例。

代码 3.2　mat_basic_test.py

```
1   import numpy as np
2
3   def test_mat_basic():
4       # 调用 np.array 直接创建矩阵
5       mat1 = np.array([[1, 2, 3], [4, 5, 6]])
6       print(mat1)
7       # 调用 np.zeros 创建一个 3 行 2 列元素全为 0 的矩阵
8       mat2 = np.zeros((3, 2))
9       print(mat2)
10      # 调用 np.ones 创建一个 3 行 2 列元素全为 1 的矩阵
11      mat3 = np.ones((3, 2))
12      print(mat3)
13      # 调用 np.random.rand 创建一个 3 行 2 列元素全为随机数的矩阵
14      mat4 = np.random.rand(3, 2)
15      print(mat4)
16
17  if __name__ == "__main__":
18      test_mat_basic()
```

可以看到，在已知矩阵的行数、列数及矩阵中每个元素的值时，能够通过 NumPy 的 array 方法创建对应的矩阵；NumPy 的 zeros 和 ones 方法分别可以创建指定行数和列数的全为 0 和 1 的矩阵；NumPy 的 random.rand 方法则可以创建出一个指定行数和列数的矩阵，而矩阵中的元素为随机数。

3.2.2　矩阵的加法和减法

矩阵的加法是实现两个矩阵 A、B 之间的相加得到 $C=A+B$。同样地，矩阵减法是实现

两个矩阵 **A**、**B** 之间的相减得到 **C=A−B**。

1. Java实现

与矩阵相关的所有操作，我们均可以以一个 AlgebraUtil 类作为工具类，并且在其中添加不同的方法实现。代码 3.3 给出了矩阵的加法和减法的具体实现，分别在 AlgebraUtil 中以 add 和 subtract 方法实现。

代码 3.3　AlgebraUtil.java 的 add 和 subtract 方法

```
1   public class AlgebraUtil {
2       public final static Matrix add(Matrix a, Matrix b) {
3           // 判断矩阵 a 和矩阵 b 是否为空，如果为空则直接返回
4           if (a == null || b == null) {
5               return null;
6           }
7           // 保证矩阵 a 和矩阵 b 具有相同的行数和列数，因为只有行数和列数相同，才能做
               加法
8           if (a.getRowNum() != b.getRowNum() || a.getColNum() != b.getColNum()) {
9               return null;
10          }
11          // 创建一个新的矩阵 resultMat，用于保存相加的结果
12          Matrix resultMat = new Matrix(a.getRowNum(), a.getColNum());
13          // 遍历矩阵 a 和 b，并让元素相加
14          for (int i = 0; i < resultMat.getRowNum(); i++) {
15              for (int j = 0; j < resultMat.getColNum(); j++) {
16                  BigDecimal value = a.getValue(i, j).add(b.getValue(i, j));
17                  resultMat.setValue(i, j, value);
18              }
19          }
20          return resultMat;
21      }
22      public final static Matrix subtract(Matrix a, Matrix b) {
23          // 判断矩阵 a 和矩阵 b 是否为空，如果为空，则直接返回
24          if (a == null || b == null) {
25              return null;
26          }
27          // 保证矩阵 a 和矩阵 b 具有相同的行数和列数，因为只有行数和列数相同才能做
               减法
28          if (a.getRowNum() != b.getRowNum() || a.getColNum() != b.
            getColNum()) {
29              return null;
30          }
31          // 创建一个新的矩阵 resultMat，用于保存相减的结果
32          Matrix resultMat = new Matrix(a.getRowNum(), a.getColNum());
33          // 遍历矩阵 a 和 b，并让元素相减
34          for (int i = 0; i < resultMat.getRowNum(); i++) {
35              for (int j = 0; j < resultMat.getColNum(); j++) {
36                  BigDecimal value = a.getValue(i, j).subtract(b.getValue
                    (i, j));
37                  resultMat.setValue(i, j, value);
38              }
```

```
39              }
40          return resultMat;
41      }
42      //此处省略了其他方法
43  }
```

2. Python实现

代码 3.4 给出了通过 NumPy 库实现矩阵加法和减法的示例。

代码 3.4　add_and_sub_test.py

```
1   import numpy as np
2
3   # test_add 函数实现矩阵加法，函数接受 a 和 b 两个参数，分别代表两个矩阵
4   def test_add(a, b):
5       # 调用 np.add 函数实现矩阵 a 和 b 的相加
6       c = np.add(a, b)
7       # 打印相加后的结果
8       print(c)
9
10  #test_sub 函数实现矩阵减法，函数接受 a 和 b 两个参数，分别代表两个矩阵
11  def test_sub(a, b):
12      # 调用 np.substract 函数，实现矩阵 a 和 b 的相减
13      c = np.subtract(a, b)
14      # 打印相减后的结果
15      print(c)
16
17  if __name__ == "__main__":
18      # 创建矩阵 a 和矩阵 b，分别调用 test_add 和 test_sub 函数来测试矩阵加法和减法
19      a = np.array([[1, 2], [3, 4], [6, 4]])
20      b = np.array([[4, 2], [1, 5], [3, 3]])
21      test_add(a, b)
22      test_sub(a, b)
```

3.2.3　矩阵的乘法和点乘

矩阵的乘法是实现两个矩阵 A、B 之间的相乘得到 $C=AB$。而矩阵的点乘是实现两个矩阵 A、B 中每个对应元素的相乘。设 $A = \begin{bmatrix} a_{11} & \cdots & a_{1n} \\ \vdots & \ddots & \vdots \\ a_{m1} & \cdots & a_{mn} \end{bmatrix}$，且 $B = \begin{bmatrix} b_{11} & \cdots & b_{1n} \\ \vdots & \ddots & \vdots \\ b_{m1} & \cdots & b_{mn} \end{bmatrix}$，则点乘的结果 $C = \begin{bmatrix} a_{11}b_{11} & \cdots & a_{1n}b_{1n} \\ \vdots & \ddots & \vdots \\ a_{m1}b_{m1} & \cdots & a_{mn}b_{mn} \end{bmatrix}$。

1. Java实现

代码 3.5 给出了矩阵的相乘和点乘的实现。

代码 3.5　AlgebraUtil.java 的 multiply 和 dot 方法

```
1   public class AlgebraUtil {
2       // multiply 方法实现矩阵 A 和 B 的相乘，得到 C=AB
3       // 该方法接受两个参数 a 和 b，分别代表矩阵 A 和矩阵 B
4       public final static Matrix multiply(Matrix a, Matrix b) {
5           // 判断输入的矩阵参数是否为空，若为空，则直接返回
6           if (a == null || b == null) {
7               return null;
8           }
9           // 保证矩阵 a 的列数与矩阵 b 的行数相同，因为只有符合这个条件的矩阵才能相乘
10          if (a.getColNum() != b.getRowNum()) {
11              return null;
12          }
13          // 创建矩阵 resultMat，用于保存矩阵相乘的结果
14          Matrix resultMat = new Matrix(a.getRowNum(), b.getColNum());
15          // 遍历 resultMat，将计算结果保存到 resultMat 对应的位置
16          for (int i = 0; i < resultMat.getRowNum(); i++) {
17              for (int j = 0; j < resultMat.getColNum(); j++) {
18                  BigDecimal value = new BigDecimal(0.0);
19                  // 这里计算矩阵 resultMat 第 i 行第 j 列的元素
20                  for (int c = 0; c < a.getColNum(); c++) {
21                      value = value.add(a.getValue(i, c).multiply(b.getValue
                            (c, j)));
22                  }
23                  // 将计算结果保存为 resultMat 的第 i 行第 j 列元素
24                  resultMat.setValue(i, j, value);
25              }
26          }
27          return resultMat;
28      }
29
30      // dot 方法实现两个矩阵 A 和 B 的点乘
31      public final static Matrix dot(Matrix matA, Matrix matB) {
32          // 这里的判断语句是为了保证两个条件：1）矩阵不为空；2）两个矩阵的行数和
                列数相同
33          if (matA == null || matB == null ||
34              matA.getRowNum() != matB.getRowNum() ||
35                  matA.getColNum() != matB.getColNum()) {
36              return null;
37          }
38          //创建矩阵 newMat，用于存储矩阵点乘后的结果
39          Matrix newMat = new Matrix(matA.getRowNum(), matA.getColNum());
40          // 遍历矩阵 newMat，计算出 newMat 每个元素的值
41          for (int i = 0; i < matA.getRowNum(); i++) {
42              for (int j = 0; j < matA.getColNum(); j++) {
43                  // 计算出 aijbij 并将其设为 newMat 的第 i 行第 j 列元素
44                  BigDecimal value = matA.getValue(i, j).multiply(matB.
                        getValue(i, j));
45                  newMat.setValue(i, j, value);
46              }
47          }
48          return newMat;
```

```
49        }
50        //此处省略了其他方法
51    }
```

2. Python实现

代码 3.6 给出了通过 NumPy 库实现矩阵乘法和矩阵点乘的示例。

代码 3.6　dot_and_mul_test.py

```
1    import numpy as np
2
3    def test_dot(a, b):
4        # 调用 np.multiply 函数，实现矩阵点乘
5        # 注意，NumPy 库将点乘操作的函数命名为 multiply
6        c = np.multiply(a, b)
7        # 打印出结果
8        print(c)
9
10   def test_mul(a, b):
11       # 调用 np.dot，实现矩阵相乘
12       # 注意，NumPy 库的函数将矩阵相乘操作的函数命名为 dot
13       c = np.dot(a, b)
14       # 打印出结果
15       print(c)
16
17   if __name__ == "__main__":
18       # 创建矩阵 a1 和 b1，测试矩阵点乘函数
19       a1 = np.array([[1, 2], [3, 4], [6, 4]])
20       b1 = np.array([[4, 2], [1, 5], [3, 3]])
21       test_dot(a1, b1)
22       # 创建矩阵 a2 和 b2，测试矩阵相乘函数
23       a2 = np.array([[1, 2], [3, 4], [6, 4]])
24       b2 = np.array([[4, 2], [1, 5], [3, 3]])
25       test_mul(a2, b2)
```

3.2.4　矩阵的转置

矩阵的运算过程经常会遇到转置操作，即求矩阵 A 的转置矩阵 A^T 的操作。

1. Java实现

代码 3.7 给出了矩阵转置的实现。

代码 3.7　AlgebraUtil.java 的 transpose 方法

```
1    public class AlgebraUtil {
2        public final static Matrix transpose(Matrix mat) {
3            // 判断矩阵 mat 是否为空，若为空，则直接返回
4            if (mat == null) {
5                return null;
6            }
```

```
7          // 创建 transposedMat，用于保存转置后的矩阵。注意，它的行数和列数与 mat
                相反
8          Matrix transposedMat = new Matrix(mat.getColNum(), mat.getRowNum());
9          // 遍历矩阵 mat，开始转置操作
10         for (int i = 0; i < mat.getRowNum(); i++) {
11            for (int j = 0; j < mat.getColNum(); j++) {
12               // 将矩阵 mat 的第 i 行第 j 列元素设为矩阵 transposedMat 的第 j 行
                    第 i 列元素
13               BigDecimal value = mat.getValue(i, j);
14               transposedMat.setValue(j, i, value);
15            }
16         }
17         return transposedMat;
18      }
19      //此处省略了其他方法
20   }
```

2. Python实现

代码 3.8 给出了通过 NumPy 库实现矩阵转置的示例。

代码 3.8　transpose _test.py

```
1    import numpy as np
2
3    def test_transpose(a):
4        # 调用 np.transpose 函数，实现矩阵 a 的转置
5        c = np.transpose(a)
6        # 打印结果
7        print(c)
8
9    if __name__ == "__main__":
10       # 创建矩阵 a，测试矩阵转置函数
11       a = np.array([[3, 4], [2, 1], [6, 8]])
12       test_transpose(a)
```

3.3　矩阵的其他操作

除了矩阵的基本运算操作之外，矩阵还有一些其他的常用操作值得注意。下面分别介绍生成单位矩阵、矩阵复制和矩阵合并等几个操作。

3.2.1　生成单位矩阵

单位矩阵是常用的特殊矩阵，因此生成单位矩阵的操作也是经常需要用到的。

1. Java实现

代码 3.9 给出了生成单位矩阵的实现方法。

代码 3.9　AlgebraUtil.java 的 identityMatrix 方法

```
1   public class AlgebraUtil {
2       // identityMatrix 方法用于创建单位矩阵，接受一个 int 类型参数 dimension，
         以指定矩阵的维度
3       public final static Matrix identityMatrix(int dimension) {
4           // 创建一个拥有维度为 dimension 的方阵 identiyMatrix
5           Matrix identityMatrix = new Matrix(dimension, dimension);
6           // 将矩阵 identifyMatrix 的对角线元素设置为 1
7           for (int i = 0; i < identityMatrix.getRowNum(); i++) {
8               identityMatrix.setValue(i, i, 1.0);
9           }
10          return identityMatrix;
11      }
12      //此处省略了其他方法
13  }
```

2. Python实现

代码 3.10 给出了通过 NumPy 库生成单位矩阵的示例。

代码 3.10　test_identity_mat.py

```
1   import numpy as np
2
3   def test_identity_mat(n):
4       # 调用 np.identify 函数，创建维度为 n 的单位矩阵
5       c = np.identity(n)
6       # 打印结果
7       print(c)
8
9   if __name__ == "__main__":
10      # 测试 test_identity_mat 函数，创建一个维度为 5 的单位矩阵
11      test_identity_mat(5)
```

3.3.2　矩阵的复制

由于在矩阵的运算过程中，经常需要在一些已有矩阵的基础上稍做修改，所以矩阵的复制是使用相对频繁的操作。

1. Java实现

代码 3.11 中的 copy 方法给出了矩阵复制的实现。

代码 3.11　AlgebraUtil.java 的 copy 方法

```
1   public class AlgebraUtil {
2       // copy 方法实现矩阵的复制，接受一个矩阵参数 x，返回一个元素 x 的副本
```

```
3    public final static Matrix copy(Matrix x) {
4        // 创建一个行数和列数都与矩阵 x 一样的矩阵 copiedMat
5        Matrix copiedMat = new Matrix(x.getRowNum(), x.getColNum());
6        // 遍历矩阵 x，将元素复制到 copiedMat 中
7        for (int i = 0; i < x.getRowNum(); i++) {
8            for (int j = 0; j < x.getColNum(); j++) {
9                BigDecimal value = x.getValue(i, j);
10               copiedMat.setValue(i, j, value);
11           }
12       }
13       return copiedMat;
14   }
15   //此处省略了其他方法
16 }
```

2. Python实现

代码 3.12 给出了利用 NumPy 库实现矩阵复制的示例。

代码 3.12　copy_mat_test.py

```
1    import numpy as np
2
3    def test_copy_mat(a):
4        # 调用 np.copy，复制矩阵 a
5        c = np.copy(a)
6        # 打印结果
7        print(c)
8
9    if __name__ == "__main__":
10       # 创建矩阵 a，测试矩阵复制函数
11       a = np.array([[1, 2, 3], [4, 5, 6]])
12       test_copy_mat(a)
```

3.3.3　矩阵的合并

在矩阵的运算中，我们经常会遇到需要将两个矩阵合并的情况，因此有必要对矩阵的合并操作进行讲解。矩阵合并的情况可以分为两种：

（1）设 $A = \begin{bmatrix} a_{11} & \cdots & a_{1n} \\ \vdots & \ddots & \vdots \\ a_{m1} & \cdots & a_{mn} \end{bmatrix}_{m \times n}$，$B = \begin{bmatrix} b_{11} & \cdots & b_{1n} \\ \vdots & \ddots & \vdots \\ b_{s1} & \cdots & b_{sn} \end{bmatrix}_{s \times n}$，则合并后 $C = \begin{bmatrix} a_{11} & \cdots & a_{1n} \\ \vdots & \ddots & \vdots \\ a_{m1} & \cdots & a_{mn} \\ b_{11} & \cdots & b_{1n} \\ \vdots & \ddots & \vdots \\ b_{s1} & \cdots & b_{sn} \end{bmatrix}_{(m+s) \times n}$

（2）设 $A = \begin{bmatrix} a_{11} & \cdots & a_{1n} \\ \vdots & \ddots & \vdots \\ a_{m1} & \cdots & a_{mn} \end{bmatrix}_{m \times n}$，$B = \begin{bmatrix} b_{11} & \cdots & b_{1t} \\ \vdots & \ddots & \vdots \\ b_{m1} & \cdots & b_{mt} \end{bmatrix}_{m \times t}$，则合并后得到的矩阵可以表示为

$$C = \begin{bmatrix} a_{11} & \cdots & a_{1n} & b_{11} & \cdots & b_{1t} \\ \vdots & \ddots & \vdots & \vdots & \ddots & \vdots \\ a_{m1} & \cdots & a_{mn} & b_{m1} & \cdots & b_{mt} \end{bmatrix}_{m \times (n+t)}$$

下面给出这两种合并方式的实现。

1. Java实现

代码 3.13 给出了矩阵合并的实现。

代码 3.13　AlgebraUtil.java 的 mergeMatrix 方法

```
1    public class AlgebraUtil {
2        // mergeMatrix 方法实现两个矩阵的合并操作,该方法接受 3 个参数,mat1 和 mat2
             分别是待合并的两个矩阵,direction 表示合并的方向,当 direction 为 0 时,
             实现第 1)种合并方式,当 direction 为 1 时,实现第 2)种合并方式
3        public final static Matrix mergeMatrix(Matrix mat1, Matrix mat2, int
         direction) {
4            // 首先判断 direction 是否为 0
5            if (direction == 0) {
6                // 创建矩阵 mergedMat,作为合并后的新矩阵
7                Matrix mergedMat = new Matrix(mat1.getRowNum() +
8                mat2.getRowNum(), mat1.getColNum());
9                // 从 mat1 中复制数据到 mergedMat
10               for (int r = 0; r < mat1.getRowNum(); r++) {
11                   for (int c = 0; c < mat1.getColNum(); c++) {
12                       BigDecimal value = mat1.getValue(r, c);
13                       mergedMat.setValue(r, c, value);
14                   }
15               }
16               // 从 mat2 中复制数据到 mergedMat
17               for (int r = 0; r < mat2.getRowNum(); r++) {
18                   for (int c = 0; c < mat2.getColNum(); c++) {
19                       BigDecimal value = mat2.getValue(r, c);
20                       mergedMat.setValue(r + mat1.getRowNum(), c, value);
21                   }
22               }
23               return mergedMat;
24           // 判断 direction 是否为 1
25           } else if (direction == 1) {
26               // 创建矩阵 mergedMat,作为合并后的新矩阵
```

```
27        Matrix mergedMat = new Matrix(mat1.getRowNum(), mat1.
          getColNum() +
28         mat2.getColNum());
29        // 从 mat1 中复制数据到 mergedMat
30        for (int r = 0; r < mat1.getRowNum(); r++) {
31            for (int c = 0; c < mat1.getColNum(); c++) {
32                BigDecimal value = mat1.getValue(r, c);
33                mergedMat.setValue(r, c, value);
34            }
35        }
36        // 从 mat2 中复制数据 mergedMat
37        for (int r = 0; r < mat2.getRowNum(); r++) {
38            for (int c = 0; c < mat2.getColNum(); c++) {
39                BigDecimal value = mat2.getValue(r, c);
40                mergedMat.setValue(r, c + mat1.getColNum(), value);
41            }
42        }
43        return mergedMat;
44    } else {
45        return null;
46    }
47   }
48   //此处省略了其他方法
49 }
```

2. Python实现

代码 3.14 给出了通过 NumPy 库实现矩阵合并的示例。

代码 3.14　merge_mat_test.py

```
1  import numpy as np
2
3  def test_merge_mat(a, b):
4      # 调用 np.concatenate 实现矩阵合并，a 和 b 是待合并的矩阵，参数 0 表示第 1）种合并方式
5      c1 = np.concatenate([a, b], 0)
6      # 打印合并后的矩阵 c1
7      print(c1)
8      #调用 np.concatenate 实现矩阵合并，a 和 b 是待合并的矩阵，参数 1 表示第 2）种合并方式
9      c2 = np.concatenate([a, b], 1)
10     # 打印合并后的矩阵 c2
11     print(c2)
12
13 if __name__ == "__main__":
14     # 创建矩阵 a 和 b，测试矩阵合并函数
15     a = np.array([[1, 2, 3], [4, 5, 6]])
```

```
16      b = np.array([[7, 8, 9], [10, 11, 12]])
17      test_merge_mat(a, b)
```

3.4 习　　题

通过下面的习题来检验本章的学习效果。

1. 设 A=[6, 7, 1; 2, 2, 4]，B=[8, 1, 3; 4, 4, 1]，尝试利用本章给出的矩阵加法和减法的实现来计算 $A+B$ 和 $A-B$ 的结果。

2. 设 A=[6, 7, 1; 2, 2, 4]，B=[8, 1, 3; 4, 4, 1]，尝试利用本章给出的矩阵点乘的实现来计算 A 和 B 点乘的结果。

3. 设 A=[6, 7, 1; 2, 2, 4]，B=[8, 1, 3; 4, 4, 1]，尝试利用本章给出的矩阵合并的实现来合并矩阵 A 和 B，得到 C=[6, 7, 1; 2, 2, 4; 8, 1, 3; 4, 4, 1]。

第 4 章　矩阵相关函数的实现

第 3 章介绍了矩阵的运算。本章进一步扩展矩阵运算库，引入矩阵相关函数的实现，首先介绍常用函数的实现，包括协方差函数、均值函数、归一化函数、最大值函数和最小值函数；接着阐述行列式函数、矩阵求逆函数、矩阵特征值和特征向量函数的实现；最后补充矩阵正交化函数的具体实现。

4.1　常　用　函　数

虽然在第 3 章中我们已经实现了基本的矩阵运算操作，然而在实际的应用中往往还需要更多矩阵相关的常用函数。接下来我们将引入协方差函数、均值函数、归一化函数、最大值函数和最小值函数。

4.1.1　协方差函数

求解两个矩阵 A 和 B 的协方差 COV(X, Y) 是实际应用中经常用到的操作，因此有必要实现协方差函数，以便于复用。

1. Java实现

代码 4.1 中的 covariance 方法给出了协方差函数的实现。

代码 4.1　AlgebraUtil.java 的 covariance 方法

```
1   public class AlgebraUtil {
2       public final static BigDecimal covariance(Matrix x, Matrix y) {
3           // 保证输入的矩阵 x 和 y 不为空，且保证 x 的行数与 y 的行数相同
4           if (x == null || y == null || x.getRowNum() != y.getRowNum()) {
5               return null;
6           }
7           //步骤 1. 计算 X 和 Y 的均值
8           int n = x.getRowNum();
9           BigDecimal xMean = new BigDecimal(0.0);
10          for (int i = 0; i < n; i++) {
11              xMean = xMean.add(x.getValue(i, 0));
```

```
12              }
13          xMean = xMean.multiply(new BigDecimal(1.0 / n));
14          BigDecimal yMean = new BigDecimal(0.0);
15          for (int i = 0; i < n; i++) {
16              yMean = yMean.add(y.getValue(i, 0));
17          }
18          yMean = yMean.multiply(new BigDecimal(1.0 / n));
19          //步骤 2．计算协方差矩阵
20          BigDecimal sum = new BigDecimal(0.0);
21          for (int i = 0; i < n; i++) {
22              sum = sum.add(x.getValue(i, 0).subtract(xMean).multiply(
23                  y.getValue(i, 0).subtract(yMean)));
24          }
25          BigDecimal value = sum.multiply(new BigDecimal(1.0 / (n - 1)));
26          return value;
27      }
28      //此处省略了其他方法
29  }
```

2．Python实现

代码 4.2 中的 covariance 函数给出了协方差函数的实现，该方法直接调用了 NumPy 库中的协方差函数。

代码 4.2　algebra_util.py 的 covariance 函数

```python
1  import numpy as np
2
3  def covariance(a, b):
4      # 调用 np.cov 函数，计算矩阵 a 和 b 的协方差
5      return np.cov(a, b)
6  #此处省略其他函数
```

4.1.2　均值函数

给定一个矩阵 A，有时候需要实现以下两种操作：

1）求解出 $B=[b_1, b_2, \cdots, b_i, \cdots, b_n]$，其中 b_i 是 A 中第 i 列的所有元素的均值；

2）求解出 $B = \begin{bmatrix} b_1 \\ b_2 \\ \vdots \\ b_i \\ \vdots \\ b_n \end{bmatrix}$，其中 b_i 是 A 中第 i 行的所有元素的均值。

因此，这就需要一个均值函数来实现上述的两种运算操作。

1．Java实现

代码 4.3 中的 mean 方法给出了均值函数的实现。

代码 4.3　AlgebraUtil.java 的 mean 方法

```
1    public class AlgebraUtil {
2        // mean 方法用于实现矩阵均值的计算，接受参数 x 和 direction，x 为用于计算
         的矩阵
3        // 当 direction 为 0 时，实现第 1）种求均值的操作
4        // 当 direction 为 1 时，实现第 2）种求均值的操作
5         public final static Matrix mean(Matrix x, int direction) {
6        // 判断矩阵 x 是否为空，若为空，直接返回
7        if (x == null) {
8            return null;
9        }
10       // 根据 direction 是否为 0，来判断是否采用第 1）种求均值的方式
11       if (direction == 0) {
12           // 创建矩阵 newMat，用于保存计算后的结果
13           Matrix newMat = new Matrix(1, x.getColNum());
14           // 计算出矩阵 x 每一列的均值，并将其保存到 newMat 中
15           for (int c = 0; c < x.getColNum(); c++) {
16               BigDecimal mean = new BigDecimal(0.0);
17               for (int i = 0; i < x.getRowNum(); i++) {
18                   mean = mean.add(x.getValue(i, c));
19               }
20               mean = mean.multiply(new BigDecimal(1.0 / x.getRowNum()));
21               newMat.setValue(0, c, mean);
22           }
23           return newMat;
24       }
25       // 根据 direction 是否为 1 来判断是否采用第 2）种求均值的方式
26       else if (direction == 1) {
27           // 创建矩阵 newMat，用于保存计算后的结果
28           Matrix newMat = new Matrix(x.getRowNum(), 1);
29           // 计算出矩阵 x 每一行的均值，并将其保存到 newMat 中
30           for (int r = 0; r < x.getRowNum(); r++) {
31               BigDecimal mean = new BigDecimal(0.0);
32               for (int i = 0; i < x.getColNum(); i++) {
33                   mean = mean.add(x.getValue(r, i));
34               }
35               mean = mean.multiply(new BigDecimal(1.0 / x.getColNum()));
36               newMat.setValue(r, 0, mean);
37           }
38           return newMat;
39       } else {
40           // direction 既不为 0 也不为 1，返回 null
41           return null;
42       }
43   }
44   //此处省略了其他方法
45   }
```

🔈注意：direction 只能为 0 或 1，当 direction 参数的值为 0 时，实现第 1）个操作；当 direction
参数的值为 1 时，实现第 2）个操作。

2. Python实现

代码 4.4 中的 mean 函数给出了均值函数的实现，该方法直接调用了 NumPy 库的均值
函数。

代码 4.4　algrebra_util.py 的 mean 函数

```
1    import numpy as np
2
3    def mean(a, direction):
4        # 调用 np.mean 函数计算矩阵 a 的均值
5        return np.mean(a, direction)
6    #此处省略其他函数
```

🔈注意：NumPy 库的 mean 函数接受一个 direction 参数，当 direction 参数的值为 0 时，
实现第 1）个操作；当 direction 参数的值为 1 时，实现第 2）个操作。

4.1.3　归一化函数

实际应用中往往需要对向量进行归一化处理，将向量中每个元素的取值范围映射到[0,
1]。例如，假设存在向量[1, 9, 5]，归一化后得到[0, 1, 0.5]。设向量 $X=[x_1, \cdots x_i, \cdots, x_n]$ 中
元素的最大值和最小值分别为 a 和 b，并设 X 归一化后得到向量 $Z=[z_1, \cdots z_i, \cdots, z_n]$，则 z_i
可以通过式子 $z_i = \dfrac{x_i - b}{a - b}$ 计算得到。

1. Java实现

代码 4.5 中的 normalize 方法给出了归一化函数的实现。

代码 4.5　AlgebraUtil.java 的 normalize 方法

```
1    public class AlgebraUtil {
2        // normalize 方法对矩阵 x 的每一列（或每一行）进行归一化处理
3        //当 direction 为 0 时，对矩阵 x 的每一列进行归一化处理
4        //当 direction 为 1 时，对矩阵 x 的每一行进行归一化处理
5        public final static Matrix normalize(Matrix x, int direction) {
6            // 根据 direction 来判断是按列处理还是按行处理
7            if (direction == 0) {
8                //调用最大值函数和最小值函数得到 maxMat 和 minMat
9                // maxMat 中的每个元素表示 x 每一列的最大值
10               // minMat 中的每个元素表示 x 每一列的最小值
11               Matrix maxMat = AlgebraUtil.max(x, 0);
```

```
12          Matrix minMat = AlgebraUtil.min(x, 0);
13          // 开始对 x 的每一列进行归一化处理
14          Matrix normalizedMat = new Matrix(x.getRowNum(), x.getColNum());
15          for (int c = 0; c < x.getColNum(); c++) {
16              // 获取 x 第 c 列的列向量
17              Matrix columnVector = getColumnVector(normalizeColumn
                (x, c,
18  maxMat.getValue(0, c), minMat.getValue(0, c)), c);
19              // 对列向量进行归一化处理
20              normalizedMat = setColumnVector(normalizedMat, c,
                columnVector);
21          }
22          return normalizedMat;
23      } else if (direction == 1) {
24          // 调用最大值函数和最小值函数，得到 maxMat 和 minMat
25          // maxMat 中的每个元素表示 x 每一行的最大值
26          // minMat 中的每个元素表示 x 每一行的最小值
27          Matrix maxMat = AlgebraUtil.max(x, 1);
28          Matrix minMat = AlgebraUtil.min(x, 1);
29          // 开始对 x 的每一行进行归一化处理
30          Matrix normalizedMat = new Matrix(x.getRowNum(), x.getColNum());
31          for (int r = 0; r < x.getRowNum(); r++) {
32              // 获取 x 第 c 行的行向量
33              Matrix rowVector = getRowVector(normalizeRow(x, r, maxMat.
                getValue(r, 0),
34  minMat.getValue(r, 0)), r);
35              // 对行向量进行归一化处理
36              normalizedMat = setRowVector(normalizedMat, r, rowVector);
37          }
38          return normalizedMat;
39      } else {
40          return null;
41      }
42  }
43
44  // normalizeRow 方法用于对行向量进行归一化处理
45  private final static Matrix normalizeRow(Matrix x, int row,
    BigDecimal maxValue,
46  BigDecimal minValue) {
47      Matrix newMat = new Matrix(x.getRowNum(), x.getColNum());
48      BigDecimal width = maxValue.subtract(minValue);
49      for (int c = 0; c < x.getColNum(); c++) {
50          BigDecimal newValue = x.getValue(row, c).subtract(minValue).
            multiply(
51  new BigDecimal(1.0 / width.doubleValue()));
52          newMat.setValue(row, c, newValue);
53      }
54      return newMat;
55  }
56  // normalizeColumn 方法用于对列向量进行归一化处理
57  private final static Matrix normalizeColumn(Matrix x, int column,
```

```
58          BigDecimal maxValue, BigDecimal minValue) {
59          Matrix newMat = new Matrix(x.getRowNum(), x.getColNum());
60          BigDecimal width = maxValue.subtract(minValue);
61          // 处理 maxValue 与 minValue 相等的情况
62          if (width.compareTo(new BigDecimal(0.0)) == 0) {
63              for (int r = 0; r < x.getRowNum(); r++) {
64                  newMat.setValue(r, column, new BigDecimal(1.0));
65              }
66              return newMat;
67          }
68
69          for (int r = 0; r < x.getRowNum(); r++) {
70              BigDecimal newValue = x.getValue(r, column).subtract
                (minValue).multiply(
71  new BigDecimal(1.0 / width.doubleValue()));
72              newMat.setValue(r, column, newValue);
73          }
74          return newMat;
75      }
76      //此处省略了其他方法
77  }
```

当 direction 参数的值为 0 时，分别对矩阵 x 的每一列做归一化处理；当 direction 参数的值为 1 时，分别对矩阵 x 的每一行做归一化处理。

2．Python实现

代码 4.6 中的 normalize 函数给出了归一化函数的实现。

代码 4.6　algrebra_util.py 的 normalize 函数

```
1   def normalize(a):
2       mx = max(a)
3       mn = min(a)
4       return [(float(i) - mn) / (mx - mn) for i in a]
5   #此处省略其他函数
```

4.1.4　最大值函数

给定一个矩阵 A，最大值函数实现以下两种操作：

1）求解出 $B=[b_1, b_2, \cdots b_i, \cdots, b_n]$，其中 b_i 是 A 中第 i 列的所有元素的最大值。

2）求解出 $B = \begin{bmatrix} b_1 \\ b_2 \\ \vdots \\ b_i \\ \vdots \\ b_n \end{bmatrix}$，其中 b_i 是 A 中第 i 行的所有元素的最大值。

1. Java实现

代码 4.7 中的 max 方法给出了最大值函数的实现。

代码 4.7　AlgebraUtil.java 的 max 方法

```
1    public class AlgebraUtil {
2        // max 方法用于实现矩阵最大值的计算，接受参数 x 和 direction，x 为用于计算的
             矩阵
3        // 当 direction 为 0 时，实现第 1) 种求最大值的操作
4        // 当 direction 为 1 时，实现第 2) 种求最大值的操作
5        public final static Matrix max(Matrix x, int direction) {
6            if (direction == 0) {
7                Matrix maxMat = new Matrix(1, x.getColNum());
8                for (int c = 0; c < x.getColNum(); c++) {
9                    // 求出第 c 列的最大值
10                   BigDecimal maxValue = x.getValue(0, c);
11                   for (int r = 0; r < x.getRowNum(); r++) {
12                       BigDecimal value = x.getValue(r, c);
13                       if (value.compareTo(maxValue) > 0) {
14                           maxValue = value;
15                       }
16                   }
17                   maxMat.setValue(0, c, maxValue);
18               }
19               return maxMat;
20           } else if (direction == 1) {
21               Matrix maxMat = new Matrix(x.getRowNum(), 1);
22               for (int r = 0; r < x.getRowNum(); r++) {
23                   // 求出第 r 行的最大值
24                   BigDecimal maxValue = x.getValue(r, 0);
25                   for (int c = 0; c < x.getColNum(); c++) {
26                       BigDecimal value = x.getValue(r, c);
27                       if (value.compareTo(maxValue) > 0) {
28                           maxValue = value;
29                       }
30                   }
31                   maxMat.setValue(r, 0, maxValue);
32               }
33               return maxMat;
34           } else {
35               return null;
36           }
37       }
38       //此处省略了其他方法
39   }
```

2. Python实现

代码 4.8 中的 max 函数给出了最大值函数的实现，该函数直接调用 NumPy 库的最大值函数。

代码 4.8　algrebra_util.py 的 max 函数

```
1    import NumPy as np
2
3    def max(a, direction):
4        return np.max(a, direction)
5    #此处省略其他函数
```

当 direction 参数的值为 0 时，实现第 1）个操作；当 direction 参数的值为 1 时，实现第 2）个操作。

4.1.5　最小值函数

给定一个矩阵 A，最小值函数实现以下两种操作：

1）求解出 $B=[b_1, b_2, \cdots, b_i, \cdots, b_n]$，其中 b_i 是 A 中第 i 列的所有元素的最小值。

2）求解出 $B = \begin{bmatrix} b_1 \\ b_2 \\ \vdots \\ b_i \\ \vdots \\ b_n \end{bmatrix}$，其中 b_i 是 A 中第 i 行的所有元素的最小值。

1. Java实现

代码 4.9 中的 min 方法给出了最小值函数的实现。

代码 4.9　AlgebraUtil.java 的 min 方法

```
1    public class AlgebraUtil {
2        // min 方法用于实现矩阵最小值的计算，接受参数 x 和 direction，x 为用于计算的
           矩阵
3        // 当 direction 为 0 时，实现第 1）种求最小值的操作
4        // 当 direction 为 1 时，实现第 2）种求最小值的操作
5        public final static Matrix min(Matrix x, int direction) {
6            if (direction == 0) {
7            Matrix minMat = new Matrix(1, x.getColNum());
8            for (int c = 0; c < x.getColNum(); c++) {
9                // 求出第 c 列的最小值
10               BigDecimal minValue = x.getValue(0, c);
11               for (int r = 0; r < x.getRowNum(); r++) {
12                   BigDecimal value = x.getValue(r, c);
13                   if (value.compareTo(minValue) < 0) {
14                       minValue = value;
15                   }
16               }
17               minMat.setValue(0, c, minValue);
18           }
19           return minMat;
```

```
20              } else if (direction == 1) {
21                 Matrix minMat = new Matrix(x.getRowNum(), 1);
22                 for (int r = 0; r < x.getColNum(); r++) {
23                     // 求出第 r 行的最小值
24                     BigDecimal minValue = x.getValue(r, 0);
25                     for (int c = 0; c < x.getColNum(); c++) {
26                         BigDecimal value = x.getValue(r, c);
27                         if (value.compareTo(minValue) < 0) {
28                             minValue = value;
29                         }
30                     }
31                     minMat.setValue(r, 0, minValue);
32                 }
33                 return minMat;
34             } else {
35                 return null;
36             }
37         }
38         //此处省略了其他方法
39     }
```

当 direction 参数的值为 0 时，实现第 1）个操作；当 direction 参数的值为 1 时，则实现第 2）个操作。

2．Python实现

代码 4.10 中的 min 函数给出了最小值函数的实现，该函数直接调用 NumPy 库的最小值函数。

代码 4.10　algebra_util.py 的 min 函数

```
1    import numpy as np
2
3    def min(a, direction):
4        return np.min(a, direction)
```

当 direction 参数的值为 0 时，实现第 1）个操作；当 direction 参数的值为 1 时，则实现第 2）个操作。

4.2　行列式函数

求解矩阵行列式也是经常会涉及的操作，行列式函数求解矩阵 A 的行列式 DET(A)。

1．Java实现

代码 4.11 中的 determinant 方法给出了行列式函数的实现。

代码 4.11　AlgebraUtil.java 的 determinant 方法

```
1    public class AlgebraUtil {
2        // 获取 ojalog 库中用于矩阵操作的工厂类
```

```
3       private final static PrimitiveMatrix.Factory matrixFactory =
        PrimitiveMatrix.FACTORY;
4       // 将 ojalgo 库中的矩阵类型转换为我们定义的 Matrix 类型
5       private final static Matrix convert(PrimitiveMatrix primitiveMatrix) {
6           Long rowNum = primitiveMatrix.countRows();
7           Long colNum = primitiveMatrix.countColumns();
8           Matrix matrix = new Matrix(rowNum.intValue(), colNum.intValue());
9           for (int i = 0; i < rowNum; i++) {
10              for (int j = 0; j < colNum; j++) {
11                  matrix.setValue(i, j, primitiveMatrix.get(i, j));
12              }
13          }
14          return matrix;
15      }
16      // 将 Matrix 类型转换为 ojalgo 库中所使用的矩阵类型
17      private final static PrimitiveMatrix convert(Matrix matrix) {
18          int rowNum = matrix.getRowNum();
19          int colNum = matrix.getColNum();
20          PrimitiveMatrix primitiveMatrix = matrixFactory.makeZero
            (rowNum, colNum);
21          PrimitiveMatrix.DenseReceiver matrixBuilder = primitiveMatrix.
            copy();
22          for (int i = 0; i < rowNum; i++) {
23              for (int j = 0; j < colNum; j++) {
24                  matrixBuilder.add(i, j, matrix.getValue(i, j).doubleValue());
25              }
26          }
27          return matrixBuilder.build();
28      }
29
30      public final static BigDecimal determinant(Matrix mat) {
31          // 判断矩阵 mat 是否为方阵，如果不是，则返回空
32          if (mat.getColNum() != mat.getRowNum()) {
33              return null;
34          }
35          // 将 mat 矩阵转换为 ojalgo 库所使用的矩阵类型
36          PrimitiveMatrix primitiveMatrix = convert(mat);
37          // 直接使用 ojalgo 库的求行列式方法
38          return primitiveMatrix.getDeterminant().toBigDecimal();
39      }
40      //此处省略了其他方法
41  }
```

由于计算行列式比较复杂，determinant 方法采用了开源的 ojalgo 库实现，读者需要在 pom.xml 文件中加入以下依赖：

```
<dependency>
<groupId>org.ojalgo</groupId>
<artifactId>ojalgo</artifactId>
<version>47.2.0</version>
</dependency>
```

代码 4.11 中有两个重载的 convert 方法，用于实现 ojalgo 库中 PrimitiveMatrix 和本书中 Matrix 的相互转换。

2．Python实现

代码 4.12 中的 determinant 函数给出了行列式函数的实现。

代码 4.12　algrebra_util.py 的 determinant 函数

```
1    import numpy as np
2
3    def determinant(a):
4        return np.linalg.det(a)
5    #此处省略其他函数
```

determinant 方法直接调用 NumPy 库的 det 方法实现矩阵行列式的计算。

4.3　矩阵求逆函数

矩阵求逆是矩阵运算中最常用的函数之一。给定矩阵 A，矩阵求逆函数用于求解出 A 的逆矩阵 A^{-1}。

1．Java实现

代码 4.13 中的 inverse 方法给出了矩阵求逆函数的实现。

代码 4.13　AlgebraUtil.java 的 inverse 函数

```
1    public class AlgebraUtil {
2        public final static Matrix inverse(Matrix mat) {
3            // 保证矩阵 mat 不为空，且为方阵
4            if (mat == null || mat.getRowNum() != mat.getColNum()) {
5                return null;
6            }
7            PrimitiveMatrix primitiveMatrix = convert(mat);
8            // 这里直接调用了 ojalgo 库的方法来实现矩阵求逆
9            return convert(primitiveMatrix.invert());
10       }
11       //此处省略了其他方法
12   }
```

与行列式函数一样，这里同样直接调用了 ojalgo 库的实现方法。

2．Python实现

代码 4.14 中的 inverse 函数给出了矩阵求逆函数的实现。

代码 4.14　algebra_util.py 的 inverse 函数

```
1    import numpy as np
2
3    def inverse(a):
4        return np.linalg.inv(a)
5    #此处省略其他函数
```

inverse 函数直接调用 NumPy 库的 inv 函数实现矩阵求逆的计算。

4.4　矩阵特征值和特征向量函数

求解矩阵的特征值和特征向量也是使用频率较高的一组操作，给定一个矩阵 A，矩阵特征值和特征向量函数用于求解 A 的所有特征值 $W=[w_1, \cdots, w_n]$，其中 $w_1 > w_2 > \cdots > w_n$，同时求出特征向量 $V=[V_1, \cdots, V_n]$，其中 V_i 是特征值 w_i 所对应的特征向量。

1. Java实现

代码 4.15 中的 eigen 方法给出了矩阵特征值和特征向量函数的实现。

代码 4.15　AlgebraUtil.java 的 eigen 方法

```
1   public class AlgebraUtil {
2       public final static Matrix[] eigen(Matrix a) {
3           Matrix eigenvalues = new Matrix(a.getRowNum(), a.getColNum());
4           Matrix eigenvectors = new Matrix(a.getRowNum(), a.getColNum());
5           PrimitiveMatrix primitiveMatrix = convert(a);
6           List<Eigenvalue.Eigenpair> eigenpairList = primitiveMatrix.
            getEigenpairs();
7           for (int i = eigenpairList.size() - 1; i >= 0; i--) {
8               //按从大到小的顺序排列提取特征值
9               Eigenvalue.Eigenpair eigenpair = eigenpairList.get(i);
10              double eigenvalue = eigenpair.value.getReal();
11              int index = eigenpairList.size() - 1 - i;
12              eigenvalues.setValue(index, index, eigenvalue);
13              //提取特征向量
14              for (int j = 0; j < eigenpair.vector.size(); j++) {
15                  double element = eigenpair.vector.get(j).getReal();
16                  eigenvectors.setValue(j, index, element);
17              }
18          }
19          Matrix[] valuesAndVectors = new Matrix[2];
20          valuesAndVectors[0] = eigenvalues;
21          valuesAndVectors[1] = eigenvectors;
22          return valuesAndVectors;
23      }
24      //此处省略了其他方法
25  }
```

与行列式函数、矩阵求逆函数一样，这里同样调用了 ojalgo 库的实现方法。

2. Python实现

代码 4.16 中的 eigen 函数给出矩阵特征值和特征向量的计算函数。

代码 4.16 algebra_util.py 的 eigen 函数

```
1    import numpy as np
2
3    def eigen(a):
4        eigenvalue, eigenvector = np.linalg.eig(a)
5        # eigenvalue 按特征值由大到小排序
6        # eigenvector 的第 i 列对应 eigenvalue 第 i 个特征值的特征向量
7        return eigenvalue, eigenvector
8    #此处省略其他函数
```

eigen 函数直接调用 NumPy 库的 eig 函数实现特征值和特征向量的计算。

4.5 矩阵正交化函数

由于不同类型的数据其取值范围往往差别较大，如果直接采用这些数据来进行计算，会导致结果有较大的偏差。因此，通常需要对数据进行预处理。其中，向量单位化和矩阵正交化是最为常用的处理方式。本节将给出这两种操作的实现。

4.5.1 向量单位化

向量单位化函数判断矩阵是否为向量（只有一列或只有一行），若为向量，则实现对向量的单位化。设向量 $X=[x_1, \cdots x_n]$，对 X 进行单位化后得到向量为 Z：

$$Z = \frac{X}{\|X\|} = \left[\frac{x_1}{\sqrt{x_1^2+\cdots+x_n^2}}, \cdots, \frac{x_n}{\sqrt{x_1^2+\cdots+x_n^2}}\right]$$

1. Java实现

代码 4.17 中的 unitize 方法给出了向量单位化函数的实现。

代码 4.17 AlgebraUtil.java 的 unitize 方法

```
1    public class AlgebraUtil {
2        // unitize 方法用于实现向量的单位化，计算出 Z，其中 Z=X/||X||
3        public final static Matrix unitize(Matrix x) {
4            // 判断 x 是列向量还是行向量
5            if (x.getColNum() == 1) {
6                Matrix unitizedVector = new Matrix(x.getRowNum(), x.getColNum());
```

```
7            int elementNum = x.getRowNum();
8            // 调用 l2Norm 方法，计算出分母||X||
9            BigDecimal denominator = l2Norm(x);
10           // 计算 X/||X||
11           for (int i = 0; i < elementNum; i++) {
12               BigDecimal value = x.getValue(i, 0);
13               BigDecimal unitizedValue = value.multiply(
14   new BigDecimal(1.0 / denominator.doubleValue()));
15               unitizedVector.setValue(i, 0, unitizedValue);
16           }
17           return unitizedVector;
18       } else if (x.getRowNum() == 1) {
19           Matrix unitizedVector = new Matrix(x.getRowNum(), x.getColNum());
20           int elementNum = x.getRowNum();
21           // 调用 l2Norm 方法，计算出||X||
22           BigDecimal denominator = l2Norm(x);
23           // 计算 X/||X||
24           for (int i = 0; i < elementNum; i++) {
25               BigDecimal value = x.getValue(0, i);
26               BigDecimal unitzedValue = value.multiply(
27   new BigDecimal(1.0 / denominator.doubleValue()));
28               unitizedVector.setValue(i, 0, unitzedValue);
29           }
30           return unitizedVector;
31       } else {
32           // 当 x 既不是列向量也不是行向量时，返回空
33           return null;
34       }
35   }
36
37   // l2Norm 方法实现向量的第二范数，这里用于计算||x||
38   public final static BigDecimal l2Norm(Matrix x) {
39       // 判断 x 是列向量还是行向量
40       if (x.getColNum() == 1) {
41           int elementNum = x.getRowNum();
42           BigDecimal sum = new BigDecimal(0.0);
43           for (int i = 0; i < elementNum; i++) {
44               BigDecimal value = x.getValue(i, 0);
45               sum = sum.add(value.multiply(value));
46           }
47           BigDecimal l2Value = new BigDecimal(Math.sqrt(sum.doubleValue()));
48           return l2Value;
49       } else if (x.getRowNum() == 1) {
50           int elementNum = x.getColNum();
51           BigDecimal sum = new BigDecimal(0.0);
52           for (int i = 0; i < elementNum; i++) {
53               BigDecimal value = x.getValue(0, i);
54               sum = sum.add(value.multiply(value));
55           }
56           BigDecimal l2Value = new BigDecimal(Math.sqrt(sum.double
     Value()));
57           return l2Value;
58       } else {
59           // 当 x 既不是列向量也不是行向量时，返回空
```

```
60          return null;
61      }
62  }
63  //此处省略了其他方法
64 }
```

2. Python实现

代码 4.18 中的 unitize 函数给出了向量单位化函数的实现。

代码 4.18　algebra_util.py 的 unitize 函数

```
1  import numpy as np
2
3  def unitize(a):
4      unitized_a = np.copy(a)
5      # 判断 a 是列向量还是行向量
6      if len(a.shape) == 1:              # 这种情况表示 a 为 list 类型
7          # 计算分母||X||
8          denominator = np.linalg.norm(a)
9          # 计算X/||X||
10         for i in range(len(a)):
11             unitized_a[i] = a[i] / denominator
12     elif a.shape[0] == 1:              # 这种情况表示 a 为行向量
13         # 计算分母||X||
14         denominator = np.linalg.norm(a)
15         # 计算X/||X|
16         for i in range(a.shape[1]):
17             unitized_a[0][i] = a[0][i] / denominator
18     elif a.shape[1] == 1:              # 这种情况表示 a 为列向量
19         # 计算分母||X||
20         denominator = np.linalg.norm(a)
21         # 计算X/||X||
22         for i in range(a.shape[0]):
23             unitized_a[i][0] = a[i][0] / denominator
24     else:
25     # 如果 a 既不是行向量，也不是列向量，则打印出提示，并返回 a 的副本
26         print("Can only unitize a matrix with single row/column.")
27         return unitized_a
```

4.5.2　矩阵正交化

在矩阵运算中，我们经常需要对矩阵进行正交化处理。设矩阵 $A=[a_1, \cdots, a_i, \cdots, a_n]$，$a_i$ 是矩阵 A 的第 i 列列向量，则对 A 进行正交化后得到的矩阵 B 可以表示为 $B=[e_1, \cdots, e_i, \cdots, e_n]$。其中，向量 $e_i = \dfrac{b_i}{\|b_i\|}$，$b_1=a_1$，$b_i = a_i - \dfrac{b_1^{\mathrm{T}} a_i}{b_1^{\mathrm{T}} b_1} b_1 - \dfrac{b_2^{\mathrm{T}} a_i}{b_2^{\mathrm{T}} b_2} b_2 - \cdots - \dfrac{b_{i-1}^{\mathrm{T}} a_i}{b_{i-1}^{\mathrm{T}} b_{i-1}} b_{i-1}$。下面通过代码给出矩阵正交化的实现。

1. Java实现

代码 4.19 中的 orthogonalize 方法给出了矩阵正交化函数的实现。

代码 4.19　AlgebraUtil.java 的 orthogonalize 方法

```java
1   public class AlgebraUtil {
2       public final static Matrix orthogonalize(Matrix a) {
3           int dimension = a.getRowNum();
4           int vectorNum = a.getColNum();
5           // 创建矩阵 b
6           Matrix b = new Matrix(dimension, vectorNum);
7           for (int i = 0; i < vectorNum; i++) {
8               // 计算出 ai 和 bi
9               Matrix ai = getColumnVector(a, i);
10              Matrix bi = copy(ai);
11              for (int j = 0; j < i; j++) {
12                  Matrix bj = getColumnVector(b, j);
13                  BigDecimal coefficient = inner(bj, ai).multiply(
14                      new BigDecimal(1.0 / inner(bj, bj).doubleValue()));
15                  bi = subtract(bi, dot(bj, coefficient));
16              }
17              // 将 bi 设为矩阵 b 的第 i 列的列向量
18              b = setColumnVector(b, i, bi);
19          }
20          // 最后对矩阵 b 的每一列向量进行单位化处理
21          for (int i = 0; i < vectorNum; i++) {
22              b = setColumnVector(b, i, unitize(getColumnVector(b, i)));
23          }
24          return b;
25      }
26      //此处省略了其他方法
27  }
```

2. Python实现

代码 4.20 中的 orthogonalize 函数给出了矩阵正交化函数的实现。

代码 4.20　algebra_util.py 的 orthogonalize 函数

```python
1   import numpy as np
2
3   def orthogonalize(a):
4       dimension = a.shape[0]
5       vectorNum = a.shape[1]
6       # 创建矩阵 b
7       b = np.random.rand(dimension, vectorNum)
8       for i in range(vectorNum):
9       # 计算出 ai 和 bi
10          ai = a[:, i]
11          bi = np.copy(ai)
12          for j in range(i):
```

```
13              bj = b[:, j]
14              coefficient = np.multiply(np.inner(bj, ai), 1.0 / np.inner
                (bj, bj))
15              coefficient = coefficient[0][0]
16          # 设置 bi 为矩阵 b 的第 i 列的列向量
17          b[:, i] = bi[:, 0]
18          # 最后对矩阵的每一列向量进行单位化
19          for i in range(vectorNum):
20              b[:, i] = unitize(b[:, i])
21      return b
22  #此处省略其他函数
```

4.6　习　　题

通过下面的习题来检验本章的学习效果。

1. 设 A=[6, 7, 1; 2, 2, 4]，尝试利用本章给出的最大值函数和最小值函数分别计算 A 每行的最大值和最小值。

2. 设 A=[5, 2, 0; 2, 8, 3; 4 9 7]，尝试利用本章给出的矩阵特征值和特征向量函数来计算 A 的所有特征值及其对应的特征向量。

3. 设 A=[5, 2, 0; 2, 8, 3; 4 9 7]，尝试利用本章给出的行列式函数求解出 A 的逆行列式。

4. 设 A=[5, 2, 0; 2, 8, 3; 4 9 7]，尝试利用本章给出的矩阵求逆的实现来求解出 A 的逆矩阵 A^{-1}。

第3篇
最优化方法层

第5章 最速下降优化器

通过前面章节的介绍，我们已经知悉将算法框架分成了代数矩阵运算层、最优化方法层、算法模型层及业务功能层。由于任何一个算法模型都拥有自己的参数，因此要获得较好的模型，就涉及参数优化的问题。

本章介绍一种通用的模型参数优化方法，即最速下降法。首先我们将探讨最速下降法的基本理论；然后梳理整个参数优化的流程，动手设计参数优化器的接口，并且根据理论具体实现一个最速下降优化器；最后利用一个具体的例子讲解如何使用最速下降优化器来对模型的参数进行优化。

5.1 最速下降优化方法概述

本节首先介绍模型参数优化的目标，并进一步说明如何通过最速下降优化方法实现该参数优化的目标。

5.1.1 模型参数优化的目标

给定一个模型，以 $F(X)$ 表示，该模型由参数 a_1, a_2, $\cdots$, a_n 确定，则模型的优化问题实质上可以转化为参数的最优估计问题。例如，对于有监督学习问题，假设存在数据点样本输入 $X^{<1>}$=[-1], $X^{<2>}$=[0], $X^{<3>}$=[1]，其标准输出为 $Y^{<1>}$=[-1], $Y^{<2>}$=[1], $Y^{<3>}$=[3]，如图 5.1 所示。

现在需要找到一个合适的模型 $F(X)$ 对其进行拟合。令 $F(X)$=AX=a_1x_1+a_2，其中 A=[a_1, a_2], X=[x_1], $F(X)$ 表示一条由参数 a_1 和 a_2 确定的直线。在此基础上，模型的误差可以用误差函数进行表示：

$$L(X) = \frac{1}{3}\sum_{i=1}^{3}\left(F(X^{<i>}) - Y^{<i>}\right)^2 \qquad (5.1)$$

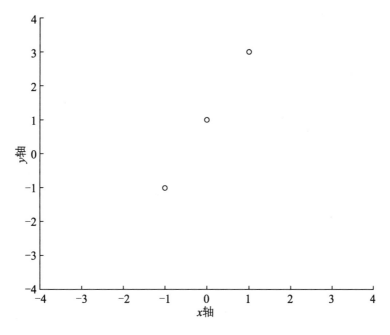

图 5.1　数据样本散点图

$L(X)$ 的值越小，则误差越小，表示该模型拟合得越好。因此，问题进一步转化为对下式进行优化：

$$\operatorname*{argmin}_{a_1,a_2} L(\boldsymbol{X}) = \operatorname*{arg\,min}_{a_1,a_2} \frac{1}{3}\sum_{i=1}^{3}\left(F(\boldsymbol{X}^{<i>}) - \boldsymbol{Y}^{<i>}\right)^2 \qquad （5.2）$$

理解上式的关键在于，注意到由于 $\boldsymbol{X}^{<1>}$，$\boldsymbol{X}^{<2>}$，$\boldsymbol{X}^{<3>}$ 以及 $\boldsymbol{Y}^{<1>}$，$\boldsymbol{Y}^{<2>}$，$\boldsymbol{Y}^{<3>}$ 是已知的，所以 $L(\boldsymbol{X})$ 的值只跟 a_1，a_2 有关，换句话说，$L(\boldsymbol{X})$ 是关于 a_1，a_2 的函数。而模型优化的最终目的在于选取最优的 a_1，a_2，使得 $L(\boldsymbol{X})$ 的值最小，即误差最小。

综上所述，更一般地，对任何有监督学习问题，给定数据样本输入 $\boldsymbol{X}^{<1>}$，$\boldsymbol{X}^{<2>}$，$\cdots$，$\boldsymbol{X}^{<n>}$ 和标准输入 $\boldsymbol{Y}^{<1>}$，$\boldsymbol{Y}^{<2>}$，$\cdots$，$\boldsymbol{Y}^{<n>}$ 以及模型 $F(\boldsymbol{X})$，可以通过最优化下式来估计出 $F(\boldsymbol{X})$ 的最优参数，从而实现模型的优化。

$$\operatorname*{argmin}_{A} L(\boldsymbol{X}) = \operatorname*{arg\,min}_{A} \frac{1}{n}\sum_{i=1}^{n}\left(F(\boldsymbol{X}^{<i>}) - \boldsymbol{Y}^{<i>}\right)^2 \qquad （5.3）$$

其中，A 是模型 $F(\boldsymbol{X})$ 的待优化参数。

下一节将重点介绍如何使用最速下降优化方法来解决该最优化问题。

5.1.2　最速下降优化方法

最速下降优化方法是一种求解 $\operatorname{argmin}L(\boldsymbol{X})$ 问题的通用方法。它的思想在于通过不断迭

代更新 $A_{k+1}=[a_{k+1,1}, a_{k+1,2}, \cdots, a_{k+1,n}]$，以使得 $L(A_{k+1})<L(A_k)$，以期经过一定的迭代次数后收敛。

设 $A_{k+1}=A_k+\lambda p_k$，其中 A_k 和 A_{k+1} 分别为第 k 次和第 $k+1$ 次迭代后 A 的参数值，A_0 为初始参数值，λ 为学习速率，p_k 为迭代更新的方向向量。要令 $L(A_{k+1})<L(A_k)$ 成立，需要引入多维泰勒级数，即对于任意一个函数 $L(A)$，可表示为指定点 A_k 上的多项式的值，如下：

$$
\begin{aligned}
L(A) = L(A_k) &+ \frac{\partial}{\partial a_{k,1}} L(A)\Big|_{A=A_k}(a_1-a_{k,1}) + \frac{\partial}{\partial a_{k,2}} L(A)\Big|_{A=A_k}(a_2-a_{k,2}) \\
&+\cdots+\frac{\partial}{\partial a_{k,n}} L(A)\Big|_{A=A_k}(a_n-a_{k,n}) + \frac{1}{2}\frac{\partial^2}{\partial a_{k,1}^2} L(A)\Big|_{A=A_k}(a_1-a_{k,1})^2 \\
&+\frac{1}{2}\frac{\partial^2}{\partial a_{k,1}\partial a_{k,2}} L(A)\Big|_{A=A_k}(a_1-a_{k,1})(a_2-a_{k,2})+\cdots
\end{aligned} \tag{5.4}
$$

用矩阵的形式可表示为：

$$
\begin{aligned}
L(A) = L(A_k) &+ \nabla L(X)^{\mathrm{T}}\Big|_{A=A_k}(A-A_k) \\
&+\frac{1}{2}(A-A_k)^{\mathrm{T}}\nabla^2 L(X)^{\mathrm{T}}\Big|_{A=A_k}(A-A_k)+\cdots
\end{aligned} \tag{5.5}
$$

设 $\Delta A_k=A_{k+1}-A_k=\lambda p_k$，$L(A_{k+1})$ 可采用一阶泰勒近似表示为：

$$
L(A_{k+1}) = L(A_k+\Delta A_k) \approx L(A_k) + \nabla L(X)^{\mathrm{T}}\Big|_{A=A_k}\Delta A_k = L(A_k)+\lambda\nabla L(A)^{\mathrm{T}}\Big|_{A=A_k}p_k \tag{5.6}
$$

由于 $\lambda>0$，所以要令 $L(A_{k+1})<L(A_k)$ 成立，只需要令 $\nabla L(X)^{\mathrm{T}}\Big|_{A=A_k} p_k < 0$ 即可，又因为当 $p_k=-\nabla L(X)^{\mathrm{T}}\Big|_{A=A_k}$ 时，$\nabla L(X)^{\mathrm{T}}\Big|_{A=A_k} p_k$ 取得最大的负数，所以每次迭代时，可采用下式迭代优化：

$$
A_{k+1}=A_k - \lambda\nabla L(X)^{\mathrm{T}}\Big|_{A=A_k} \tag{5.7}
$$

5.2　最速下降优化器的实现

上一节中，我们介绍了模型参数优化的目标以及最速下降优化方法的基本理论。本节开始着手通过代码实现最速下降优化器。首先对参数优化器的接口进行设计，使代码具有良好的可扩展性，再在已有接口的基础上编写最速下降优化器的具体实现类。

5.2.1　参数优化器的接口设计

经过 5.1 节的介绍可知，一个完整的优化器所涉及的关键对象包括数据样本输入 X、

标准输出 *Y*、目标函数 *F*(*X*)、函数参数 *A* 和误差函数 *L*(*X*)，此外还需要一个参数优化器
对 *A* 进行优化。整个参数优化的流程如图 5.2 所示。

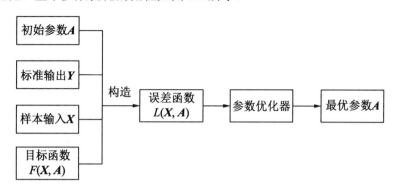

图 5.2　参数优化的整体流程

图 5.2 清晰地展示了参数优化的流程，首先利用 *A*, *X*, *Y* 和 *F* 构造误差函数 *L*(*X*, *A*)，
参数优化器对 *L*(*X*, *A*)进行最小化，得到最优参数 *A*。根据上述这些关键对象，进一步设计
出如图 5.3 所示的 UML 类图。

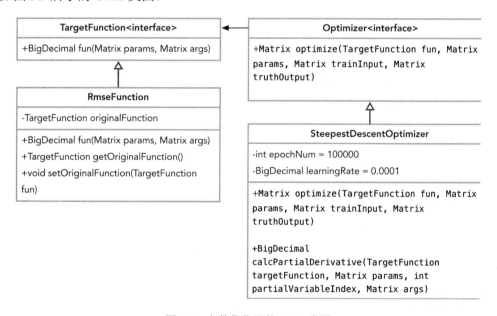

图 5.3　参数优化器的 UML 类图

TargetFunction 接口用于表示一个目标函数 *F*(*X*)，在定义算法模型时，一个具体的
TargetFunction 实例表示一个具体的算法模型。

1. Java实现

TargetFunction 接口的 Java 代码如下：

代码 5.1　TargetFunction.java

```
1    import java.math.BigDecimal
2    public interface TargetFunction {
3        BigDecimal fun(Matrix params, Matrix args);
4    }
```

2. Python实现

TargetFunction 接口的 Python 代码如下：

代码 5.2　rmse_function.py

```
1    class TargetFunction(object):
2        def fun(self, params, args):
3            return
```

该接口只有一个方法 fun，该方法有两个输入参数 params 和 args，params 为待优化的参数，即 5.1 节所阐述的 A，args 对应公式中的 X。fun 方法的返回值即 $F(X)$ 的值，至于如何定义 $F(X)$，则依赖于 TargetFunction 接口的具体实现类。

RmseFunction 是 TargetFunction 的一个实现类，表示基于 TargetFunction 所构造的误差函数，其具体实现将在 5.2.2 节中阐述。

Optimizer 接口表示参数优化器，它的实现子类可表示具体的一种参数优化器，如果想实现一种新的参数优化器，只需要创建一个实现 Optimizer 接口的类即可。

1. Java实现

Optimizer 接口的 Java 代码如下：

代码 5.3　Optimizer.java

```
1    import java.math.BigDecimal
2    public interface Optimizer {
3        Matrix optimize(TargetFunction fun, Matrix params, Matrix trainInput,
         Matrix truthOutput);
4    };
```

2. Pythn实现

Optimizer 接口的 Python 代码如下：

代码 5.4　optimizer.py

```
1    class Optimizer(object):
2        def __init__(self):
3            return
```

```
4        def optimize(self, target_function, params, train_input, truth_output):
5            return
```

该接口仅有一个方法 optimize，其输入参数分别表示待优化的目标函数、待优化的参数、数据样本输入和标准输出。

SteepestDescentOptimizer 是我们最终要实现的最速下降优化器，该类实现了 Optimizer 接口，其包含了两个属性 epochNum（epoch_num）和 learningRate（learning_rate），分别表示迭代次数和学习速率，可由外部指定。同时，该类额外实现了一个 calcPatialDerivative（calc_pratial_derivative）方法，用于计算函数关于某一参数变量的偏导数。其具体实现将在 5.2.2 节中详细描述。

至此，我们梳理了参数优化的整体流程，得到了一个参数优化器的整体框架，只剩下 RmseFunction 以及 SteepestDescentOptimizer 需要进一步实现。

5.2.2　最速下降优化器的具体实现

本节重点阐述误差函数的实现类 RmseFunction 以及最速下降优化器的实现类 SteepestDescentOptimizer。

5.2.2.1　RmseFunction的实现

通过对 5.2.1 节的讨论我们知道，一个 RmseFunction 实例代表一个具体的误差函数：

$$L(X, A) = \frac{1}{n}\sum_{i=1}^{n}\left(F(X^{<i>}, A) - Y^{<i>}\right)^2 \tag{5.8}$$

由式子可知，该函数包含目标函数 $F(X, A)$。回顾图 5.3 中的 UML 类图，不难理解 RmseFunction 的属性 TargetFunction originalFunction 正是用于存储目标函数 $F(X, A)$。RmseFunction 中，fun 方法的逻辑正是计算 $L(X, A)$ 的中间运算逻辑。

1. Java实现

具体的 Java 实现代码如下：

代码 5.5　RmseFunction.java

```java
1    import java.math.BigDecimal;
2
3    public class RmseFunction implements TargetFunction {
4
5        private TargetFunction originalFunction;
6        //构造方法传入目标函数
7        public RmseFunction(TargetFunction originalFunction) {
8            this.originalFunction = originalFunction;
9        }
```

```
10        // 用 fun 方法定义如何计算 L(X,A)
11        @Overide
12        public BigDecimal fun(Matrix params, Matrix args) {
13            Matrix truthOutput = AlgebraUtil.getColumnVector(args, args.
              getColNum() - 1);
14            Matrix trainInput = AlgebraUtil.getSubMatrix(args, 0,
15                args.getRowNum() - 1, 0, args.getColNum() - 1 - 1);
16
17            BigDecimal rmse = new BigDecimal(0.0);        // 初始化 rmse
              // 循环体内计算样本的误差
18            for (int i = 0; i < trainInput.getRowNum(); i++) {
19                Matrix input = AlgebraUtil.getRowVector(trainInput, i);
20                BigDecimal res = originalFunction.fun(params, input);
21                BigDecimal truth = truthOutput.getValue(i, 0);
22                rmse = rmse.add(res.subtract(truth).multiply(res.subtract
                  (truth)));
23             }
24            rmse = rmse.multiply(new BigDecimal(1.0 / trainInput.getRowNum()));
              // 计算均方误差作为 L(X,A)
25            rmse = new BigDecimal(Math.sqrt(rmse.doubleValue()));
26            return rmse;          // 返回 L(X, A) 的值
27    }
28  }
```

2. Python实现

具体的 Python 实现代码如下：

代码 5.6　rmse_function.py

```
1   class RmseFunction(tf.TargetFunction):
2       def __init__(self, target_function):
3           self.target_function = target_function
4       # fun 函数定义如何计算 L(X,A)
5       def fun(self, params, args):
6           truth_output = args[:, -1]
7           train_input = args[:, :-1]
8           res_array = []
9           # 循环体内计算样本的误差
10          for i in range(train_input.shape[0]):
11              input = np.array(train_input[i, :])
12              res = self.target_function.fun(params, input)
13              res_array.append(res)
14          res = np.array(res_array)
15          # 计算均方误差作为 L(X,A)
16          rmse = np.sqrt(np.divide(np.sum(np.power(res - truth_output,
              2)), res.shape[0]))
17          return rmse
```

RmseFunction 类仅有一个构造方法，输入参数 originalFunction（original_function）为目标函数。fun 方法接受两个参数 params 和 args，params 为待优化的参数变量，args 为已

知的确定参数，此处为 *X* 和 *Y* 组合而成的矩阵，默认 *Y* 为最后一列。fun 方法首先根据 args 分离出 *X* 和 *Y*，然后计算并返回 $L(X, A)$。

注意：RmseFunction 的这种实现方式实际上是一种装饰者模式，它自己的 fun 方法在 originalFunction 的 fun 方法的基础上进行了装饰。

5.2.2.2　SteepestDescentOptimizer的实现

SteepestDescentOptimizer 是最速下降优化器的实现类，它实现了 Optimizer 接口。

1. Java实现

具体的 Java 实现代码如下：

代码 5.7　SteepestDescentOptimizer.java

```
1    import java.math.BigDecimal;
2
3    public class SteepestDescentOptimizer implements Optimizer {
4
5        private int epochNum = 100000;                   // 定义迭代次数
6
         // 定义学习速率
7        private BigDecimal learningRate = new BigDecimal(0.0001);
8
9        public SteepestDescentOptimizer() {
10       }
11
12       public SteepestDescentOptimizer(int epochNum, double learningRate) {
13           this.epochNum = epochNum;
14           this.learningRate = new BigDecimal(learningRate);
15       }
16
17       @Override
18       public Matrix optimize(TargetFunction fun, Matrix params, Matrix args) {
19           return null;
20       }
21       // optimize 方法定义如何对参数进行优化
22       @Override
23       public Matrix optimize(TargetFunction targetFunction, Matrix params,
         Matrix trainInput, Matrix truthOutput) {
24           //构造 L(X,A)函数
25           RmseFunction rmseFunction = new RmseFunction(targetFunction);
26           Matrix args = AlgebraUtil.mergeMatrix(trainInput, truthOutput, 1);
27           Matrix lastParams = AlgebraUtil.copy(params);
28           Matrix newParams = AlgebraUtil.copy(params);
29           for (int e = 0; e < epochNum; e++) {      // 开始迭代优化参数
30               for (int i = 0; i < newParams.getColNum(); i++) {
31                   BigDecimal partialDerivative = calcPartialDerivative
                     (rmseFunction,
```

```
32                        lastParams, i, args);          // 计算参数的偏导数
33                    BigDecimal param = newParams.getValue(0, i).
                          // 按学习速率更新
34                        subtract(learningRate.multiply(partialDerivative));
35                    newParams.setValue(0, i, param); // 完成一次迭代并更新参数
36                }
37                lastParams = AlgebraUtil.copy(newParams);
38            }
39          return newParams;
40      }
41
42      public BigDecimal calcPartialDerivative(TargetFunction targetFunction,
        Matrix params,
            // calcPartialDerivative 方法计算偏导数
43          int partialVariableIndex, Matrix args) {
            // 定义最小可接受的误差
44          final BigDecimal epsilon = new BigDecimal(0.00000001);
45
46          BigDecimal param = params.getValue(0, partialVariableIndex);
47          BigDecimal leftOffset = param.subtract(epsilon); // 计算左偏移量
48          BigDecimal rightOffset = param.add(epsilon);       // 计算右偏移量
49          Matrix leftOffsetParams = AlgebraUtil.copy(params);
50          leftOffsetParams.setValue(0, partialVariableIndex, leftOffset);
51          Matrix rightOffsetParams = AlgebraUtil.copy(params);
52          rightOffsetParams.setValue(0, partialVariableIndex, rightOffset);
53
54          BigDecimal fx = targetFunction.fun(params, args);
55          BigDecimal leftDerivative = targetFunction.fun(leftOffsetParams,
        args).
56              subtract(fx).multiply(new BigDecimal(1.0 / -epsilon.double
            Value()));                                  // 计算左导数
57          BigDecimal rightDerivative = targetFunction.fun(rightOffset
        Params, args).
58              subtract(fx).multiply(new BigDecimal(1.0 / epsilon.double
            Value()));                                  // 计算右导数
59          BigDecimal partialDerivative = leftDerivative.add
        (rightDerivative)
                // 取左导数和右导数的均值作为导数值
60              .multiply(new BigDecimal(0.5));
61          return partialDerivative;                            // 返回偏导数
62      }
63  }
```

2．Python实现

具体的 Python 实现代码如下：

代码 5.8　steepest_descent_optimizer.py

```
1   class SteepestDescentOptimizer(opt.Optimizer):
2       # epoch_num 和 learning_rate 分别为迭代次数和学习速率
3       def __init__(self, epoch_num = 100000, learning_rate = 0.0001):
4           self.epoch_num = epoch_num
5           self.learning_rate = learning_rate
```

```
6
7       # calc_partial_derivative 函数用于计算函数的偏导数
8       def calc_partial_derivative(self, target_function, params, partial_
        variable_index, args):
9           epsilon = 0.00000001
10          param = params[partial_variable_index]
11          # 计算左偏移量
12          left_offset = param - epsilon
13          # 计算右偏移量
14          right_offset = param + epsilon
15          left_offset_params = np.array(params)
16          left_offset_params[partial_variable_index] = left_offset
17          right_offset_params = np.array(params)
18          right_offset_params[partial_variable_index] = right_offset
19          fx = target_function.fun(params, args)
20          # 计算左导数
21          left_derivative = np.divide(target_function.fun(left_offset_
            params, args) - fx, -epsilon)
22          # 计算右导数
23          right_derivative = np.divide(target_function.fun(right_offset_
            params, args) - fx, epsilon)
24          # 取左导数和右导数的均值作为导数值
25          partial_derivative = np.multiply(left_derivative + right_
            derivative, 0.5)
26          return partial_derivative
27
28      # optimize 函数定义如何对参数进行优化
29      def optimize(self, target_function, params, train_input, truth_
        output):
30          # 构造 L(X,A) 函数
31          rmse_function = rf.RmseFunction(target_function)
32          args = np.concatenate((train_input, truth_output), 1)
33          last_params = np.array(params)
34          new_params = np.array(params)
35          # 开始迭代优化参数
36          for e in range(self.epoch_num):
37              print("Epoch #%d" %e, new_params)
38              for i in range(new_params.shape[0]):
39                  # 计算参数的偏导数
40                  partial_derivative = self.calc_partial_derivative(rmse_
                    function, last_params, i, args)
41                  # 按学习速率更新
42                  param = np.subtract(new_params[i], self.learning_rate *
                    partial_derivative)
43                  new_params[i] = param
44              # 完成一次迭代并更新参数
45              last_params = np.array(new_params)
46          return new_params
```

SteepestDescentOptimizer 类的两个属性 epochNum（epoch_num）和 learningRate（learning_rate）分别表示迭代次数和学习速率，可通过构造方法指定，默认迭代次数为 100 000 次，学习速率为 0.0001。理解 SteepestDescentOptimizer 的重点在于理解其中的两

个方法 optimize 和 calcPartialDerivative（calc_partialDerivative）。

（1）opimize 方法

optimize 方法首先利用传入的 targetFunction（target_function）创建了一个 RmseFunction 的实例 rmseFunction（rmse_function），用于构造误差函数；然后将数据样本输入 trainInput（train_input）和标准输出 truthOutput（truth_output），合并为一个新的矩阵 args；接下来在 for 循环中调用 calcParitalDerivative（calc_partial_derivative），计算误差函数关于每个待优化参数 a_i 的偏导数，并进一步通过式子 $A_{k+1}=A_k+\lambda\boldsymbol{p}_k$ 对参数进行迭代优化。newParams（new_params）表示新一轮的迭代结果，而 lastParmas（last_params）表示上一轮的迭代结果，当循环次数达到 epochNum（epoch_num）次时，优化结束，返回 newParams（new_params）作为参数的优化结果。

（2）calcPartialDerivative（calc_partial_derivative）方法

calcPartialDerivative（calc_partial_derivative）方法接受 4 个输入参数 targetFunction（target_function）、params、partialVariableIndex（partial_variable_index）和 args，分别表示相关的目标函数、待优化的参数变量、需要求偏导数的参数下标索引和确定已知的目标函数参数。该方法首先设定了一个极小的小数 epsilon，然后根据偏导数的数学定义，近似地计算出目标函数关于对应参数变量的左偏导数 leftDerivative（left_derivative）和右偏导数 rightDerivative（right_derivative），最后取 leftDerivative（left_derivative）和 rightDerivative（right_derivative）的均值作为偏导数的结果返回。

🔖注意：函数 $f(x)$ 在 x_0 处的左导数和右导数的定义分别如下：

$$f'_-(x_0)=\lim_{x\to x_0^-}\frac{f(x)-f(x_0)}{x-x_0}, \quad f'_+(x_0)=\lim_{x\to x_0^+}\frac{f(x)-f(x_0)}{x-x_0} \tag{5.9}$$

5.3　一个目标函数的优化例子

本节将介绍本章所介绍的最速下降优化器相关的单元测试，并在单元测试中引入具体的最优化示例，通过该例子可以更清晰地说明最速下降优化器的优化效果。

5.3.1　单元测试示例：偏导数的计算

本节针对 SteepDescentOptimizer 类的 calcPartialDerivative 方法编写一个单元测试示例。该示例将构造一个目标函数 $F(\boldsymbol{X})=a_1x_1^2+a_2x_2$，计算 $x_1=4$，$x_2=3$，$a_1=1$，$a_2=2$ 时 $F(\boldsymbol{X})$ 关于 a_1 的偏导数。

1. Java实现

具体的 Java 实现代码如下：

代码 5.9　SteepDescentOptimizerTest.java 的 testCalcPartialDerivative 方法

```
1  @Test
2  public void testCalcPartialDerivative() {
3      SteepestDescentOptimizer optimizer = new SteepestDescentOptimizer()
4      Matrix params = new Matrix(1, 2);
5      params.setValue(0, 0, 1);                    // 设置 a₁=1
6      params.setValue(0, 1, 2);                    // 设置 a₂=2
7
8      Matrix args = new Matrix(1, 2);
9      args.setValue(0, 0, 4);                      // 设置 x₁=4
10     args.setValue(0, 1, 3);                      // 设置 x₂=3
11     BigDecimal partialDerivative = optimizer.calcPartialDerivative(new
       TargetFunction() {
12         @Override
           // 定义 F(X)=a₁x₁²+a₂x₂
13         public BigDecimal fun(Matrix params, Matrix args) {
14             BigDecimal x1 = args.getValue(0, 0);      // 获取 x₁
15             BigDecimal x2 = args.getValue(0, 1);      // 获取 x₂
               // 计算 F(X)=a₁x₁²+a₂x₂
16             BigDecimal res = params.getValue(0, 0).multiply(x1.multiply
               (x1)).add(params.getValue(0, 1).multiply(x2));
17             return res;                          // 返回函数 F(X)的结果
18         }
19     }, params, 0, args);
20
21     final BigDecimal error = new BigDecimal(0.00001);
22     Assertions.assertTrue(partialDerivative.
23         subtract(new BigDecimal(16.0)).abs().subtract(error).
24         compareTo(new BigDecimal(0.0)) < 0);     // 检验结果是否为 16
25 }
```

2. Python实现

具体的 Python 实现代码如下：

代码 5.10　steepest_descent_optimizer_test.py

```
1  import py.target_function as tf
2  import py.steepest_descent_optimizer as sdo
3  import numpy as np
4
5  class TestTargetFunction(tf.TargetFunction):
6      # 定义函数 F(X) = a1x12 + a0x2
7      def fun(self, params, args):
8          x1 = args[0]
9          x2 = args[1]
10         res = np.add(np.multiply(params[0], np.power(x1, 2)), np.multiply
           (params[1], x2))
11         return res
```

```
12
13  def test_calc_partial_derivative():
14      # 设置 a1=1,a2=2
15      params = np.array([1.0, 2.0])
16      # 设置 x1=4, x2=3
17      args = np.array([4.0, 3.0])
18      target_function = TestTargetFunction()
19      # 初始化最速下降优化器 optimizer
20      optimizer = sdo.SteepestDescentOptimizer()
21      # 调用 optimizer 的 calc_partial_derivative 函数计算偏导数
22      partial_derivative = optimizer.calc_partial_derivative(target_
        function, params, 0, args)
23      print(partial_derivative)
24
25  if __name__ == "__main__":
26      test_calc_partial_derivative()
```

首先构造一个最速下降优化器 SteepestDescentOptimizer；其次构造参数 params，对应 $A=[a_1, a_2]$，$a_1=1$，$a_2=2$；接下来构造 args，对应 $X=[x_1, x_2]$，$x_1=4$，$x_2=3$；然后调用 optimizer 的 calcPartialDervative（calc_partial_dervative）方法计算目标函数关于 a_1 的偏导数，其中目标函数通过创建 TargetFunction 接口的实现类进行定义，具体逻辑为从 args 和 params 中分别得到 x_1，x_2 和 a_1，a_2，然后计算并返回 $F(X)=a_1x_1^2+a_2x_2$；最后，通过断言验证当 $x_1=4$，$x_2=3$，$a_1=1$，$a_2=2$ 时，$F(X)$ 关于 a_1 的偏导数的值为 16。

⚠注意：此处的断言并非直接判断结果 partialDerivative 的值等于 16，而是判断是否符合不等式 $|partialDerivative-16.0|<0.00001$。这是由于 BigDecimal 类型不能使用精确的等号做判断。这里的 0.00001 可理解为近似的精度，当结果的绝对值与 16 相差小于 0.00001 时，近似认为其与 16 相等。

5.3.2　单元测试示例：目标函数的参数优化

现在针对 SteepDescentOptimizer 类的 optimize 方法编写一个单元测试示例。该示例将构造一个目标函数 $F(X)=ax+b$，用于拟合给定的数据点，数据点样本输入为 $X^{<1>}=[-1]$，$X^{<2>}=[0]$，$X^{<3>}=[1]$，其标准输出为 $Y^{<1>}=[-1]$，$Y^{<2>}=[1]$，$Y^{<3>}=[3]$，最终通过最速下降优化器实现参数 a 和 b 的优化，这恰好是 5.1.1 节开始所给出的例子。

1．Java实现

具体的 Java 实现代码如下：

代码 5.11　SteepDescentOptimizerTest.java 的 testOptimize 方法

```
1  @Test
2  public void testOptimize() {
3      Matrix params = new Matrix(1, 2);
```

```
4       params.setValue(0, 0, 0.01);              // 设置初始值 a=0.01
5       params.setValue(0, 1, 0.01);              // 设置初始值 b=0.01
6
7       Matrix trainInput = new Matrix(3, 1);
8       trainInput.setValue(0, 0, -1);            // 设置 X<1>=[-1]
9       trainInput.setValue(1, 0, 0);             // 设置 X<2>=[0]
10      trainInput.setValue(2, 0, 1);             // 设置 X<3>=[1]
11
12      Matrix truthOutput = new Matrix(3, 1);
13      truthOutput.setValue(0, 0, -1);           // 设置 Y<1>=[-1]
14      truthOutput.setValue(1, 0, 1);            // 设置 Y<2>=[1]
15      truthOutput.setValue(2, 0, 3);            // 设置 Y<3>=[3]
16
17      SteepestDescentOptimizer optimizer = new SteepestDescentOptimizer();
18      Matrix optimizedParams = optimizer.optimize(new TargetFunction() {
19          // 定义 F(X)=ax+b
20          @Override
21          public BigDecimal fun(Matrix params, Matrix args) {
22              BigDecimal x = args.getValue(0, 0);
23              BigDecimal a = params.getValue(0, 0);
24              BigDecimal b = params.getValue(0, 1);
25              BigDecimal res = a.multiply(x).add(b);
26              return res;
27          }
28      }, params, trainInput, truthOutput);
29      final BigDecimal error = new BigDecimal(0.001);
                // 检验结果是否为 2.0
30      Assertions.assertTrue(optimizedParams.getValue(0, 0).
31          subtract(new BigDecimal(2.0)).abs().
32          subtract(error).compareTo(new BigDecimal(0.0)) < 0);
                // 检验结果是否为 1.0
33      Assertions.assertTrue(optimizedParams.getValue(0, 1).
34          subtract(new BigDecimal(1.0)).abs().
35          subtract(error).compareTo(new BigDecimal(0.0)) < 0);
36  }
```

2. Python实现

具体的 Python 实现代码如下：

代码 5.12　steepest_descent_optimizer_test2.py

```python
1   import py.target_function as tf
2   import py.steepest_descent_optimizer as sdo
3   import numpy as np
4
5   class AnotherTestTargetFunction(tf.TargetFunction):
6       # 定义 F(X)=ax+b
7       def fun(self, params, args):
8           x = args[0]
9           a = params[0]
10          b = params[1]
11          res = a * x + b
12          return res
```

```
13
14   deftest_optimizer():
15       # 设置初始值 a=0.01, b=0.01
16       params = np.array([0.1, 0.1])
17       # 设置 X<1>=[-1], X<2>=[0], X<3>=[1]
18       train_input = np.array([[-1], [0], [1]])
19       # 设置 Y<1>=[-1], Y<2>=[1], Y<3>=[3]
20       truth_output = np.array([[-1], [1], [3]])
21       target_function = AnotherTestTargetFunction()
22       # 初始化最速下降优化器 optimizer
23       optimizer = sdo.SteepestDescentOptimizer()
24       # 调用 optimizer 的 optimize 函数优化参数
25       optimized_params = optimizer.optimize(target_function, params,
         train_input, truth_output)
26       print(optimized_params)
27
28   if __name__ == "__main__":
29       test_optimizer()
```

首先初始化参数 a=0.01 和 b=0.01；然后构造数据样本输入 $X^{<1>}, X^{<2>}, X^{<3>}$ 和标准输出 $Y^{<1>}, Y^{<2>}, Y^{<3>}$；接下来创建最速下降优化器 SteepestDescentOptimizer 实例 optimizer，并调用其 optimize 方法，对目标函数的参数进行优化；接着创建 TargetFunction 接口的实现类［对应目标函数 $F(X)=ax+b$ 的逻辑］；最后通过断言判断 a 和 b 的值是否分别等于 2 和 1。

5.4　习　　题

通过下面的习题来检验本章的学习效果。

1．利用 SteepDescentOptimizer，分别计算出目标函数 $F(X)=4x_1^3+2x_2^2+3x_3+x_4$ 在 x_1=7，x_2=5，x_3=-1，x_4=16 时关于 x_1, x_2, x_3, x_4 的偏导数。

2．尝试修改 SteepDescentOptimizer 中的迭代次数和学习速率，再次运行并调试 5.3 节中的单元测试示例，观察在不同迭代次数和学习速率的情况下结果的变化。

3．尝试修改 5.3 节单元测试示例中待优化参数 a 和 b 的初始值，并运行程序，观察在不同初始值的情况下，结果是否存在变化。

4．利用 SteepestDescentOpitmizer 编写程序求出 $5x_1-2x_2+3x_3-6x_4=0$ 的一个可行解。提示：相当于优化 $\underset{x_1,x_2,x_3,x_4}{\arg\min} L(X) = \underset{x_1,x_2,x_3,x_4}{\arg\min}\left(F(X)-0\right)^2 = \underset{x_1,x_2,x_3,x_4}{\arg\min}\left(5x_1-2x_2+3x_3-6x_4-0\right)^2$。

第6章 遗传算法优化器

经过上一章的学习，我们已经知悉模型参数优化的目标，并且掌握了最常用的最速下降优化方法，同时实现了最速下降方法优化器。本章，我们将继续沿用上一章设计的参数优化器接口，介绍另一种模型参数优化方法，即遗传算法。实现另一种参数优化器，通过实现不同类型的参数优化器，进一步加深对优化器的理解。首先将讨论最速下降法的局限性；然后引入遗传算法参数优化方法，并且根据理论具体实现遗传算法优化器；最后利用具体的示例讲解如何使用遗传算法优化器进行模型参数的优化。

6.1 遗传算法概述

本节先介绍遗传算法的目标，然后介绍遗传算法的基本过程。

6.1.1 遗传算法的目标

在上一章中，我们介绍了最为常用的最速下降优化器。一般情况下，使用最速下降优化器已经足够应对大部分的优化问题。但在某些场景下，最速下降优化器并不能取得较好的效果，而容易陷入局部最优的情况。

为了说明这个问题，我们举一个通俗易懂的例子。假设存在如图 6.1 所示的函数图像，通过观察可以发现该函数存在多个局部最小值。使用最速下降优化器进行优化时，考虑 A、B、C、D 四个初始值点，只有初始值在 D 点时才能取得全局最优。实际上，在这个例子中只有当初始值落在深色区域内时其优化结果才能取得全局最优。

通过上述例子，笔者希望能让读者意识到最速下降优化器自己的局限性。针对这类场景，为了解决陷入局部最优的问题，我们必须另辟蹊径，寻找更为有效的参数优化方法。

遗传算法是解决该类优化问题的一种有效方法。在具体介绍遗传算法之前，让我们先思考这样一个问题：为什么会得到局部最优解？用最通俗的方式理解，最速下降方法之所以会取得局部最优，原因在于当它到达谷底（局部最优点）时，它没有办法越过山丘，较小的步伐（学习速率）使得它无论往哪个方向走，都不能继续往下，而较大的步伐会错过狭小的峡谷。

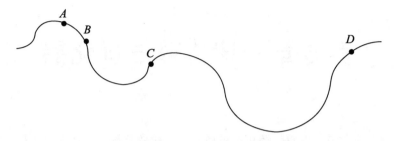

图 6.1　参数在复杂函数图像上的不同初始值

抛开最速下降方法，如果能穷举所有的可能值，就一定能找到全局最优解。但实际情况下，我们不可能穷举所有的可能值。可以想想生物种群是如何解决适应环境问题的，初始的生物形态其基因不断突变产生新的表现，并且在自然选择中将劣势的基因淘汰，通过交配将优势的基因遗传，繁衍出更有利于生存的后代。这就像是一个更为聪明的迭代穷举方法。遗传算法正是借鉴了自然选择的过程，以一种类似的方式对目标函数的参数进行优化。

本章接下来将会详细介绍遗传算法的基本过程，然后讨论遗传算法优化器的设计和实现，最后给出遗传算法优化器的应用示例，并将其与最速下降优化器进行对比。

6.1.2　遗传算法的基本过程

遗传算法可分解为 6 个基本步骤，分别是染色体编码、种群初始化、适应值评价、选择算子、交叉算子和变异算子。这些步骤的执行流程如图 6.2 所示。下面以 5.1.1 节中使用的例子具体介绍每个步骤。

让我们先回顾一下该例子，假设存在数据点样本输入 $X^{<1>}=[-1]$, $X^{<2>}=[0]$, $X^{<3>}=[1]$，其标准输出为 $Y^{<1>}=[-1]$, $Y^{<2>}=[1]$, $Y^{<3>}=[3]$，需要对线性模型 $F(X)=AX=a_1x_1+a_2$ 进行拟合，其中 $A=[a_1, a_2]$, $X=[x_1]$, $F(X)$ 表示一条由参数 a_1 和 a_2 确定的直线，而参数的优化问题可以用下式表示：

$$\underset{A}{\arg\min} L(X) = \underset{A}{\arg\min} \frac{1}{n}\sum_{i=1}^{n}\left(F(X^{<i>}) - Y^{<i>}\right)^2 \tag{6.1}$$

1. 染色体编码

染色体是遗传算法的基本单位，一个染色体对应着一个生物个体，同时代表着优化问题中的一个有效解，这个有效解通常是符合条件的参数集合 $A_i=[a_{i,1}, a_{i,2}, \cdots, a_{i,n}]$。在上述的参数优化例子中，每一个符合条件的染色体均可表示为 $A_i=[a_{i,1}, a_{i,2}]$。染色体编码的实质就是采用向量的方式来表示染色体，实现对生物个体的数学建模，从而在接下来的步骤中模拟自然选择。

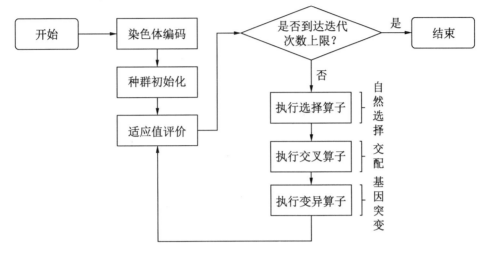

图 6.2 遗传算法主体流程图

2．种群初始化

一个染色体表示一个独立的个体，而种群是个体的集合，一定数量的个体形成了种群。由于自然选择的过程是在种群中不断地对个体进行优胜劣汰，要较好地模拟这个过程，就必须要对种群进行数学建模。

在染色体编码的基础上对种群进行建模并不困难。设种群的规模为 m，这时可以通过一个集合 $U=\{A_1, A_2, \cdots, A_m\}$ 来表示一个种群。更进一步，要对种群进行迭代优化，种群就必须要有一个初始状态，即种群初始化，这个过程通过随机生成 m 个初始个体的方式得以实现。

例如，在我们的例子中，当种群规模为 5 时，随机生成 5 个初始个体：$U=\{A_1=[0.56, 0.40]$，$A_2=[0.12, 0.51]$，$A_3=[0.57, 0.26]$，$A_4=[0.47, 0.97]$，$A_5=[0.64, 0.35]\}$，便可构成一个初始化后的种群。

3．适应值评价

在对种群进行了数学建模之后，还需要定义自然选择中优胜劣汰的标准规则，也就是适应值评价。适应值评价用于定义种群中每个个体存活的概率，存活概率越大的个体，在接下来的过程中被淘汰的可能性越小。而对于参数优化问题而言，这个适应值一般对应目标函数的输出。

例如，在我们的例子中，适应值可以设为 $1/(L(\boldsymbol{X})+\lambda)$，当误差函数 $L(\boldsymbol{X})$ 的值越小，说明误差越小，拟合效果越好，此时适应值越大，加入 λ 是为了防止 $L(\boldsymbol{X})=0$ 的情况，一般 λ 可以取足够小的值，如令 $\lambda=0.000001$。

4．选择算子

在对每个个体计算出适应值以后，便可以根据适应值的大小，采用轮盘的形式对其进行筛选。具体的方法为先计算所有适应值的和 $S=S_1+\cdots+S_n$，然后计算出每个个体适应概率 $P_i=S_i/S$，它代表第 i 个个体能在这一次迭代中存活的概率，接下来计算累计值 $C_0=0$，$C_1=P_1$，$C_2=P_1+P_2$，$\cdots$，$C_n=P_1+P_2+\cdots+P_n$。按照种群规模的大小 n，生成 n 个 0 到 1 的随机数，当随机数的值在 C_{k-1} 到 C_k 之间时，表示这一次选中了第 k 个个体，总共选出 n 个个体而形成新的种群。

举例来说，假设种群的规模是 5，并且已经计算出适应值 $S_1=1.23$，$S_2=2.02$，$S_3=0.82$，$S_4=4.11$，$S_5=3.01$，则 $S=S_1+\cdots+S_5=11.19$，$P_1=0.11$，$P_2=0.18$，$P_3=0.07$，$P_4=0.37$，$P_5=0.27$，累计值依次为 0.11、0.29、0.36、0.73、1.00，如果所生成的 5 个 0 到 1 的随机数对应分别为 0.08、0.43、0.64、0.56、0.88，则这一轮选择算子执行后所形成的新种群为：$U=\{A_1=[0.56, 0.40]$，$A_2=[0.47, 0.97]$，$A_3=[0.47, 0.97]$，$A_4=[0.47, 0.97]$，$A_5=[0.64, 0.35]\}$。

5．交叉算子

交叉算子模拟的是生物个体间的交配，以实现基因的融合。执行交叉算子时首先设定一个全局的概率 P_c，表示交配的概率，针对每个个体，生成一个 0 到 1 之间的随机数 R，当 $R<P_c$ 时，则表示该个体可进行交配。通过这种方式选出可交配的个体后，丢弃单独的个体，以保证可交配个体的个数为偶数。然后对可交配的个体按顺序进行两两交配，每一对交配的个体在交配后将得到两个新个体，而新个体将分别继承交配双方一半的基因，最后剩余的没有交配的个体将继续保留。

例如，假设种群的规模为 5，交配的概率 $P_c=0.6$，执行选择算子后得到的种群为：$U=\{A_1=[0.56, 0.40]$，$A_2=[0.47, 0.97]$，$A_3=[0.47, 0.97]$，$A_4=[0.47, 0.97]$，$A_5=[0.64, 0.35]\}$，并且对每个个体所生成的 0 到 1 的随机数分别为 $R_1=0.42$，$R_2=0.30$，$R_3=0.79$，$R_4=0.25$，$R_5=0.92$，那么此时 $R_1<P_c$，$R_2<P_c$，$R_4<P_c$，而 $R_3>P_c$，$R_5>P_c$，表明可进行交配的个体为 A_1，A_2，A_3，由于可交配个体的个数为奇数，忽略最后一个个体，令 A_1 和 A_2 进行交配，得到新个体 $A_1'=[0.56,0.97]$，$A_2'=[0.47,0.40]$，剩余的没有交配的个体 A_3，A_4，A_5 将在新种群中继续保留，此时有 $A_3'=A_3$，$A_4'=A_4$，$A_5'=A_5$，新种群 $U=\{A_1'$，A_2'，A_3'，A_4'，$A_5'\}$。

6．变异算子

变异算子模拟的是生物的基因突变，生物之所以能实现进化，基因突变是必要的前提条件。如果基因一成不变，将永远无法产生新的基因，无法适应环境的变化。对应到参数优化的问题上，如果没有变异算子，相当于无法尝试新的参数，也不可能得到更优的参数。

执行变异算子时首先设定一个全局的概率 P_m，表示突变的概率，针对每个染色体上的每一个基因，生成一个 0 到 1 之间的随机数 R，当 $R<P_m$ 时，则表示该基因发生突变，产生一个新的随机数来替代该基因。例如，假设在我们的例子中存在种群 $U=\{A_1=[0.56, 0.40]$，$A_2=[0.12, 0.51]$，$A_3=[0.56, 0.40]$，$A_4=[0.47, 0.97]$，$A_5=[0.64, 0.35]\}$，$P_m=0.1$，对每个基因所生成的 0 到 1 的随机数分别为 $R_{a11}=0.42$，$R_{a12}=0.08$，$R_{a21}=0.16$，$R_{a22}=0.23$，$R_{a31}=0.03$，$R_{a32}=0.74$，$R_{a41}=0.68$，$R_{a42}=0.95$，$R_{a51}=0.33$，$R_{a52}=0.41$，其中 R_{aij} 表示对 A_i 的第 j 个基因所生成的 0 到 1 的随机数，这里由于 $R_{a12}<0.1$，$R_{a31}<0.1$，因此 A_1 的第 2 个基因和 A_3 的第 1 个基因发生突变，生成随机数对其进行替代，$A_1=[0.56, 0.88]$，$A_3=[0.12, 0.40]$。

6.2　遗传算法优化器的实现

上一节中，我们介绍了遗传算法的基本理论，本节通过代码实现遗传算法优化器。

6.2.1　遗传算法优化器主体流程的实现

代码 6.1 给出了遗传算法优化器的主体逻辑，该逻辑与图 6.2 所描述的流程相一致，整个遗传算法优化器将会由类 GeneticAlgorithmOptimizer.java 负责实现。

1. Java实现

具体的 Java 实现代码如下：

代码6.1　GeneticAlgorithmOptimizer.java 的主体部分

```
1   public class GeneticAlgorithmOptimizer implements Optimizer {
2       private final int SEED_NUM = 100;                  // 种群的个数
3       private final double CROSSOVER_PROBABILITY = 0.88; // 交配的概率
4       private final double MUTATION_PROBABILITY = 0.10;  // 变异的概率
5       private int epochNum = 10000;    // 算法的迭代次数
6       private Matrix boundaries;       // 边界矩阵用于对最大值和最小值进行约束
7
8       public GeneticAlgorithmOptimizer(Matrix boundaries) {
9           this.boundaries = boundaries;
10      }
11
12      public GeneticAlgorithmOptimizer(Matrix boundaries, int epochNum) {
13          this.boundaries = boundaries;
14          this.epochNum = epochNum;
15      }
```

```
16
17      @Override
18      public Matrix optimize(TargetFunction fun, Matrix params,
19          Matrix trainInput, Matrix truthOutput) {
20          RmseFunction rmseFunction = new RmseFunction(fun);
21          Matrix args = AlgebraUtil.mergeMatrix(trainInput, truthOutput, 1);
22          Random random = new Random();
23          int paramsNum = params.getColNum();
24          // 步骤1：初始化种群
25          Matrix paramsPopulation = new Matrix(SEED_NUM, paramsNum);
26          for (int i = 0; i < SEED_NUM; i++) {
27              for (int j = 0; j < paramsNum; j++) {
28                  paramsPopulation.setValue(i, j, new BigDecimal(random.
                    nextDouble()));
29              }
30          }
31          // 开始迭代优化
32          Matrix bestParams = new Matrix(1, paramsNum);
33          BigDecimal minRmse = new BigDecimal(Integer.MAX_VALUE);
34          for (int i = 0; i < epochNum; i++) {
35              System.out.println(String.format("Epoch %d/%d", i + 1,
                epochNum));
36              // 步骤2：记录最优参数
37              for (int j = 0; j < SEED_NUM; j++) {
38                  Matrix denormalizedParams =
39                          denormalizeParams(AlgebraUtil.getRowVector
                            (paramsPopulation, j));
40                  BigDecimal rmse = rmseFunction.fun(denormalizedParams,
                    args);
41                  if (rmse.compareTo(minRmse) < 0) {
42                      minRmse = rmse;
43                      for (int k = 0; k < paramsNum; k++) {
44                          BigDecimal value = new BigDecimal(
45                              paramsPopulation.getValue(j, k).doubleValue());
46                          bestParams.setValue(0, k, value);
47                      }
48                  }
49              }
50              // 步骤3：执行选择算子
51              paramsPopulation = selectionOperator(rmseFunction, params
                Population, args);
52              // 步骤4：执行交叉算子
53              paramsPopulation = crossoverOperator(paramsPopulation);
54              // 步骤5：执行变异算子
55              paramsPopulation = mutationOperator(paramsPopulation);
56          }
57          Matrix denormalizedBestParams = denormalizeParams(bestParams);
58          return denormalizedBestParams;
59      }
60      // 此处省略了 denormalizeParams、selectionOperator 和 cross、crossover
```

Operator 和 mutationOperator 方法的具体实现

```
61  }
```

2．Python实现

具体的 Python 实现代码如下：

代码6.2　genetic_algorithm_optimizer.py 的主体部分

```
1   import py.rmse_function as rf
2   import py.optimizer as opt
3   import numpy as np
4   import sys
5
6   class GeneticAlgorithmOptimizer(opt.Optimizer):
7       #boundaries 为边界矩阵，用于对最大值和最小值进行约束
8       # epoch_num 为算法的迭代次数
9       # seed_num 为种群个数
10      # crossover_probability 为交配概率
11      # mutation_probability 为变异概率
12      def __init__(self, boundaries, epoch_num=10000, seed_num=100,
13                   crossover_probability=0.88, mutation_probability=0.10):
14          self.boundaries = boundaries
15          self.epoch_num = epoch_num
16          self.seed_num = seed_num
17          self.crossover_probability = crossover_probability
18          self.mutation_probability = mutation_probability
19
20      def optimize(self, target_function, params, train_input, truth_output):
21          rmse_function = rf.RmseFunction(target_function)
22          args = np.concatenate((train_input, truth_output), 1)
23          params_num = params.shape[0]
24          # 步骤1：初始化种群
25          params_population = np.random.rand(self.seed_num, params_num)
26          # 开始迭代优化
27          best_params = np.random.rand(1, params_num)
28          min_rmse = sys.maxsize
29          for e in range(self.epoch_num):
30              print("Epoch %d/%d" %(e+1, self.epoch_num), self.denormalize_
                    params(best_params))
31              # 步骤2：记录最优参数
32              for j in range(self.seed_num):
33                  denormalized_params = self.denormalize_params(params_
                        population[j, :])
34                  rmse = rmse_function.fun(denormalized_params, args)
35                  if rmse < min_rmse:
36                      min_rmse = rmse
37                      best_params = np.array(params_population[j, :])
38              # 步骤3：执行选择算子
39              params_population = self.selection_operator(rmse_function,
                    params_population, args)
40              # 步骤4：执行交叉算子
41              params_population = self.crossover_operator(params_population)
```

```
42                    # 步骤 5：执行变异算子
43                    params_population = self.mutation_operator(params_population)
44         denormalized_best_params = self.denormalize_params(best_params)
45         return denormalized_best_params
```

GeneticAlgorithmOptimizer 类与第 5 章中的 SteepDescentOptimizer 类均实现了 Optimizer 接口，它们均为优化器的一种具体实现。GeneticAlgorithmOptimizer 类中有 5 个成员变量，SEED_NUM（在 Python 代码中该变量以 seed_num 表示，Python 代码中所有变量均采用 Pythonic 的命名规则，下同）是种群大小，CROSSOVER_PROBABILITY（rossover_probability）和 MUTATION_PROBABILITY（mutation_probability）分别是交配和变异的概率，epochNum（epoch_num）是迭代次数，boundaries 用于指定待优化参数的取值范围。

接下来是两个构造函数，用于在构造实例时设置 boundaries 及 epochNum（epoch_num）。optimize 方法是实现参数优化的主体，该方法来自于 Optimizer 接口，其接受的 4 个参数分别为目标函数、待优化的参数、训练数据及标准输出，方法返回优化后的参数。

optimize 方法首先进行准备工作，根据传入的 TargetFunction fun（target_function）构造一个 RmseFunction 实例 rmseFunction（rmse_function），用于表示损失函数，然后将 trainInput（train_input）和 truthOutput（truth_output）封装到 args 当中。接下来分 5 步完成参数优化的工作。

1）初始化种群，生成随机数作为初始种群中每个个体的状态值，其实质则是随机生成目标函数的参数。

2）开始循环迭代优化，并且记录每一次迭代中的最优参数。这里直接调用损失函数来计算每个个体的适应值（采用了 RMSE 作为适应值），选取 RMSE 最小的个体为最优参数，其中的 denormalizeParams（denormalize_params）用于反归一化，其作用下一节再详细讲解。

3）执行选择算子，调用 selectionOperator（selection_operator）筛选种群。

4）执行交叉算子，调用 crossoverOperator（crossover_operator）完成交配的过程。

5）执行变异算子，调用 mutationOperator（mutation_operator）完成变异操作。最后，对最优参数进行反归一化后返回。

6.2.2　遗传算法优化器各算子的实现

下面详细讲解遗传算法优化器各个算子的实现。

6.2.2.1　反归一化方法

读者可能已经注意到了 denormalizeParams 方法（denoramlize_params 函数）。那么它到底起到什么样的作用？denormalizeParams 方法（denoramlize_params 函数）实际上是用

作参数的反归一化。之所以说是反归一化，是因为它跟归一化相对。

为了理解反归一化，先来讨论一下什么是归一化。简单来说，假设有一个变量它的取值范围为[a, b]，我们希望将取值范围映射到一个特定的取值范围，例如[0, 1]（有时候需要映射到[-1, 1]），那么这个映射的过程就叫归一化。相反地，如果使变量从一个特定的取值范围映射回原本的取值范围，这个过程就是反归一化。

那为什么在这里需要用到反归一化呢？因为在遗传算法的优化过程中，默认始终令参数的取值范围为[0, 1]，然而最后并不希望优化后得到的参数其取值范围发生变化，因此需要做反归一化。理解了反归一化的作用后，我们一起来看看 denormalizeParams 方法（denoramlize_params 函数）的代码。

1. Java实现

具体的 Java 实现代码如下：

代码 6.3　denormalizeParams 方法

```
1    private Matrix denormalizeParams(Matrix params) {
2        int paramsNum = params.getColNum();
3        Matrix denormalizedParams = new Matrix(params.getRowNum(),
         params.getColNum());
4        for (int i = 0; i < paramsNum; i++) {
5            BigDecimal min = boundaries.getValue(i, 0);
6            BigDecimal max = boundaries.getValue(i, 1);
7            // 这一步实现了公式(6.2)的计算
8            BigDecimal newValue = params.getValue(0, i).multiply(max.
             subtract(min)).add(min);
9            denormalizedParams.setValue(0, i, newValue);
10       }
11       return denormalizedParams;
12   }
```

2. Python实现

具体的 Python 实现代码如下：

代码 6.4　denormalize_params 函数

```
1    def denormalize_params(self, params):
2        params_num = len(params)
3        denormalized_params = np.array(params)
4        for i in range(params_num):
5            min_boundary = self.boundaries[i, 0]
6            max_boundary = self.boundaries[i, 1]
7            # 这一步实现了公式(6.2)的计算
8            new_value = np.multiply(params[i], max_boundary - min_boundary)
             + min_boundary
9            denormalized_params[i] = new_value
10       return denormalized_params
```

denormalizeParam（denormalize_param）方法使用了 boundaries 这个成员变量。这个

boundaries 正是用于存储待优化参数的原始取值范围，由 GeneticAlgorithmOptimizer 类的构造方法传入。denormalizeParam（denormalize_param）方法根据待优化参数的原始取值范围做了一个反归一化的映射，如下：

$$v_{new} = v_{old} \times (v_{max} - v_{min}) + v_{min} \qquad (6.2)$$

其中，v_{old} 是反归一化前的值，v_{new} 是反归一化后的值，v_{max} 和 v_{min} 分别是原始取值范围的最大值和最小值。举例来说，假设要将[0, 1]的值映射到[-2, 2]，那么当 v_{old} 的值为 0 时，$v_{new}=0 \times [2-(-2)]+(-2)=-2$；当 v_{old} 的值为 0.5 时，$v_{new}=0.5 \times [2-(-2)]+(-2)=0$；当 v_{old} 的值为 1 时，$v_{new}=1 \times [2-(-2)]+(-2)=2$。

6.2.2.2　选择算子

选择算子由 selectionOperator（selection_operator）方法实现。

1．Java实现

具体的 Java 实现代码如下：

代码6.5　selectionOperator 方法

```
1   private Matrix selectionOperator(TargetFunction lossFunction, Matrix
    paramsPopulation, Matrix args) {
2   Random random = new Random();
3       int paramsNum = paramsPopulation.getColNum();
4       BigDecimal[] ratios = new BigDecimal[SEED_NUM];
5       BigDecimal[] fitnessValues = new BigDecimal[SEED_NUM];
6       // 步骤1：计算适应值和S=S₁+…+Sₙ
7       BigDecimal sum = new BigDecimal(0.0);
8       for (int i = 0; i < SEED_NUM; i++) {
9           Matrix denormalizedParams = denormalizeParams(
10              AlgebraUtil.getRowVector(paramsPopulation, i));
11          BigDecimal fitnessValue = new BigDecimal(1.0 / lossFunction.
            fun(
12              denormalizedParams, args).doubleValue());
13          fitnessValues[i] = fitnessValue;
14          sum = sum.add(fitnessValue);
15      }
16      // 步骤2：计算每个个体的适应比率 Pi=Si/S
17      for (int i = 0; i < SEED_NUM; i++) {
18          ratios[i] = fitnessValues[i].multiply(new BigDecimal(1.0 /
            sum.doubleValue()));
19      }
20      // 步骤3：计算累计值 C₀=0, C₁=P₁, C₂=P₁+P₂, …, Cₙ=P₁+P₂+…+Pₙ
21      BigDecimal lastThreshold = new BigDecimal(0.0);
22      for (int i = 0; i < SEED_NUM; i++) {
23          ratios[i] = ratios[i].add(lastThreshold);
24          lastThreshold = new BigDecimal(ratios[i].doubleValue());
25      }
26      // 步骤4：生成随机数，当随机数的值在 Cₖ-1 到 Cₖ 之间时，表示这一次选中了第
        k 个个体
```

```
27          int[] selectedIndices = new int[SEED_NUM];
28          for (int i = 0; i < SEED_NUM; i++) {
29              double randomValue = random.nextDouble();
30              for (int j = 0; j < SEED_NUM; j++) {
31                  if (randomValue < ratios[j].doubleValue()) {
32                      selectedIndices[i] = j;
33                      break;
34                  }
35              }
36          }
37          // 步骤5：根据选出的个体来构造新的种群
38          for (int i = 0; i < SEED_NUM; i++) {
39              Matrix params = new Matrix(1, paramsNum);
40              for (int j = 0; j < paramsNum; j++) {
41                  params.setValue(0, j, new BigDecimal(paramsPopulation.
                        getValue(
42                      selectedIndices[i], j).doubleValue()));
43              }
44              AlgebraUtil.setRowVector(paramsPopulation, i, params);
45          }
46          return paramsPopulation;
47      }
```

2. Python实现

具体的 Python 实现代码如下：

代码6.6　selection_operator 方法

```
1       def selection_operator(self, loss_function, params_population, args):
2           params_num = params_population.shape[1]
3           ratios = np.random.rand(self.seed_num)
4           fitness_values = np.random.rand(self.seed_num)
5           # 步骤1：计算适应值和 S=S_1+···+S_n
6           sum = 0.0
7           for i in range(self.seed_num):
8               denormalized_params = self.denormalize_params(params_population
                    [i, :])
9               fitness_values[i] = 1.0 / loss_function.fun(denormalized_
                    params, args)
10              sum = sum + fitness_values[i]
11          # 步骤2：计算每个个体的适应比率 P_i=S_i/S
12          for i in range(self.seed_num):
13              ratios[i] = fitness_values[i] / sum
14          # 步骤3：计算累计值 C_0=0, C_1=P_1, C_2=P_1+P_2, ···, C_n=P_1+P_2+···+P_n
15          last_threshold = 0.0
16          for i in range(self.seed_num):
17              ratios[i] = ratios[i] + last_threshold
18              last_threshold = ratios[i]
19          #步骤4：生成随机数，当随机数的值在 C_k-1 到 C_k 之间时，表示这一次选中了第 k
                个个体
20          selected_indices = []
21          for i in range(self.seed_num):
22              random_value = np.random.rand()
23              for j in range(self.seed_num):
```

```
24                if random_value < ratios[j]:
25                    selected_indices.append(j)
26                    break
27        selected_indices = np.array(selected_indices)
28        # 步骤 5：根据选出的个体来构造新的种群
29        for i in range(self.seed_num):
30            params = np.random.rand(1, params_num)
31            for j in range(params_num):
32                params[0, j] = params_population[selected_indices[i], j]
33            params_population[i, :] = params
34        return params_population
```

虽然 selectionOperation（selection_operator）方法看起来有点复杂，但其实逻辑十分清晰，并不难理解。该方法分成 5 步来完成选择算子。

1）计算适应值的和 $S=S_1+\cdots+S_n$。

2）计算每个个体的适应比率 $P_i=S_i/S$。

3）计算累计值 $C_0=0$，$C_1=P_1$，$C_2=P_1+P_2$，$\cdots$，$C_n=P_1+P_2+\cdots+P_n$。

4）生成随机数，当随机数的值在 C_k-1 到 C_k 之间时，表示这一次选中了第 k 个个体。

5）根据选出的个体来构造新的种群。每一步所在的位置已经在代码中用注释标出，步骤的划分非常清晰。

6.2.2.3　交叉算子

交叉算子由 crossoverOperator 方法（crossover_operator 函数）实现。

1. Java实现

具体的 Java 实现代码如下：

代码 6.7　crossoverOperator 方法

```
1     private Matrix crossoverOperator(Matrix paramsPopulation) {
2         Random random = new Random();
3         int paramsNum = paramsPopulation.getColNum();
4         Matrix newPopulation = new Matrix(SEED_NUM, paramsNum);
5         // 步骤 1：随机选出可交配的个体
6         List<Integer> selectedIndices = new ArrayList<>();
7         for (int i = 0; i < SEED_NUM; i++) {
8             if (random.nextDouble() < CROSSOVER_PROBABILITY) {
9                 selectedIndices.add(i);
10            }
11        }
12        //步骤 2：忽略单独的个体，以保证可交配个体的个数是偶数
13        if (selectedIndices.size() % 2 != 0) {
14            selectedIndices.remove(selectedIndices.size() - 1);
15        }
16        // 步骤 3：对可交配的个体按顺序进行两两交配
17        Iterator<Integer> it = selectedIndices.iterator();
18        while(it.hasNext()) {
19            int i = it.next();
```

```
20              int j = it.next();
21              Matrix newItems = cross(AlgebraUtil.getRowVector(params
                Population, i),
22                      AlgebraUtil.getRowVector(paramsPopulation, j), paramsNum);
23              newPopulation = AlgebraUtil.setRowVector(newPopulation, i,
24                      AlgebraUtil.getRowVector(newItems, 0));
25              newPopulation = AlgebraUtil.setRowVector(newPopulation, j,
26                      AlgebraUtil.getRowVector(newItems, 1));
27          }
28          // 步骤 4：保留剩余的没有交配的个体
29          for (int i = 0; i < SEED_NUM; i++) {
30              if (!selectedIndices.contains(i)) {
31                  newPopulation = AlgebraUtil.setRowVector(newPopulation, i,
32                      AlgebraUtil.getRowVector(paramsPopulation, i));
33              }
34          }
35          return newPopulation;
36      }
```

2．Python实现

具体的 Python 实现代码如下：

代码6.8　crossover_operator 函数

```
1       def crossover_operator(self, params_population):
2           params_num = params_population.shape[1]
3           new_population = np.array(params_population)
4           # 步骤 1：随机选出可交配的个体
5           selected_indices = []
6           for i in range(self.seed_num):
7               if np.random.rand() < self.crossover_probability:
8                   selected_indices.append(i)
9           selected_indices = np.array(selected_indices)
10          # 步骤 2：忽略单独的个体，以保证可交配个体的个数是偶数
11          if len(selected_indices) % 2 != 0:
12              selected_indices = selected_indices[:len(selected_indices)
                -1];
13          #步骤 3：对可交配的个体按顺序进行两两交配
14          for k in range(0, len(selected_indices), 2):
15              i = selected_indices[k]
16              j = selected_indices[k + 1]
17              new_items = self.cross(params_population[i, :], params_
                population[j, :], params_num)
18              new_population[i, :] = new_items[0, :]
19              new_population[j, :] = new_items[1, :]
20          return new_population
```

crossoverOperator 方法（crossover_operator 函数）一开始定义了一个 newPopulation（new_population），这个 newPopulation（new_population）用于在不破坏 paramsPopulation（params_population）种群信息的情况下存储新种群。接下来的逻辑分 4 步实现。

1）随机选出可交配的个体，实现的方式是针对每个个体生成一个随机数。如果该随机数比预设的交配概率 CROSSOVER_PROBABILITY（crossover_probability）小，则看作

个体被选中，将选中的个体编号放入 selectedIndices（selected_indices）中。

2）忽略单独的个体，以保证可交配个体的个数是偶数。实现时根据 selectedIndices（selected_indices）的个数是否能被 2 整除来判断可交配个体的个数是否为偶数，如果不是偶数，则丢弃最后一个即可。

3）对可交配的个体按顺序进行两两交配。由于经过第 2 步操作已经确保了 selected-Indices（selected_indices）的个数为偶数，所以此时遍历 selectedIndices（selected_indices），每次取出两个个体的编号，对其进行交配操作，而具体的实现又调用了 cross 方法，该方法返回一个两行的矩阵 newItems（new_items），表示交配后所产生的两个新个体，然后将这两个新个体设置到 newPopulation（new_population）。

4）保留剩余的没有交配的个体，这一步只需要简单地将 paramsPopulation（params_population）中未被选中的个体复制到新的种群 newPopulation（new_population）。

至此，交叉算子在 crossoverOperator 方法（crossover_operator 函数）中的实现逻辑，只剩下第 3 步中的 cross 方法未给出，现在我们再来看看它的实现。

1. Java实现

具体的 Java 实现代码如下：

代码 6.9　cross 方法

```
1    private Matrix cross(Matrix item1, Matrix item2, int bitNum) {
2        Random random = new Random();
3        int crossBits = random.nextInt(bitNum);
4        Matrix newItems = new Matrix(2, item1.getColNum());
5        //生成第一个交配后的新个体
6        for (int i = 0; i <= crossBits; i++) {
7            BigDecimal value = new BigDecimal(item1.getValue(0, i).
             doubleValue());
8            newItems.setValue(0, i, value);
9        }
10       for (int i = crossBits + 1; i < item1.getColNum(); i++) {
11           BigDecimal value = new BigDecimal(item2.getValue(0, i).
             doubleValue());
12           newItems.setValue(0, i, value);
13       }
14       // 生成第二个交配后的新个体
15       for (int i =0; i <= crossBits; i++) {
16           BigDecimal value = new BigDecimal(item2.getValue(0, i).
             doubleValue());
17           newItems.setValue(1, i, value);
18       }
19       for (int i = crossBits + 1; i < item1.getColNum(); i++) {
20           BigDecimal value = new BigDecimal(item1.getValue(0, i).
             doubleValue());
21           newItems.setValue(1, i, value);
22       }
```

```
23          return newItems;
24      }
```

2．Python实现

具体的 Python 实现代码如下：

代码 6.10　cross 函数

```
1    def cross(self, item1, item2, bit_num):
2        cross_bits = np.random.randint(bit_num)
3        new_items = np.random.rand(2, bit_num)
4        # 生成第一个交配后的新个体
5        for i in range(cross_bits):
6            new_items[0, i] = item1[i]
7        for i in range(cross_bits + 1, bit_num):
8            new_items[0, i] = item2[i]
9        # 生成第二个交配后的新个体
10       for i in range(cross_bits):
11           new_items[1, i] = item2[i]
12       for i in range(cross_bits + 1, bit_num):
13           new_items[1, i] = item1[i]
14       return new_items
```

cross 方法（cross 函数）一开始生成了一个随机数 crossBits（cross_bits）及变量 newItems（new_Items），crossBits（cross_bits）用于指定交配的位置，而 newItems（new_items）则用于存储交配后的两个新个体。

接下来生成第一个交配后的新个体。新个体的前 crossBits（cross_bits）个值及剩余的值分别由第一个个体和第二个个体给定。然后继续生成第二个交配后的新个体，而这个新个体的前 crossBits（cross_bits）个值及剩余的值分别由第二个个体和第一个个体给定。最后返回 newItems（new_items）。

6.2.2.4　变异算子

1．Java实现

变异算子相较于其他算子更为简单，由 mutationOperator 方法实现。具体的 Java 实现代码如下：

代码 6.11　mutationOperator 方法

```
1    private Matrix mutationOperator(Matrix paramsPopulation) {
2        Random random = new Random();
3        int paramsNum = paramsPopulation.getColNum();
4        for (int i = 0; i < SEED_NUM; i++) {
5            for (int j = 0; j < paramsNum; j++) {
6                // 这里通过生成随机数并判断它是否小于 MUTATION_PROBABILITY 的
7                // 方式来达到控制变异概率的目的
8                if (random.nextDouble() < MUTATION_PROBABILITY) {
```

```
9                        paramsPopulation.setValue(i, j, new BigDecimal
                         (random.nextDouble()));
10                   }
11              }
12         }
13         return paramsPopulation;
14    }
```

mutationOperator 方法的逻辑是对每一个个体的每对染色体（在这里实质上是模型的参数）生成一个随机数，如果随机数小于变异的概率 MUTATION_PROBABILITY，则修改该参数为一个随机的数值。

2．Python实现

变异算子由 mutation_operator 函数实现，具体的 Python 实现代码如下：

代码 6.12　mutation_operator 函数

```
1    def mutation_operator(self, params_population):
2        params_num = params_population.shape[1]
3        for i in range(self.seed_num):
4            for j in range(params_num):
5                # 这里通过生成随机数并判断它是否小于 self.mutation_probability
                   的方式来达到控制变异概率的目的
6                if np.random.rand() < self.mutation_probability:
7                    params_population[i, j] = np.random.rand()
8        return params_population
```

mutation_operator 函数对每一个个体的每对染色体（在这里实际上是模型的参数）生成一个随机数，如果随机数小于变异概率 self.mutation_probability，则修改该参数为一个随机的数值。

6.3　一个目标函数的优化例子

本节将编写本章所介绍的遗传算法优化器相关的单元测试，并在单元测试中引入具体的最优化示例，通过该例子可以更清晰地说明遗传算法优化器的优化效果。

现在针对 GeneticAlgorithmOptimizer 类的 optimize 方法编写一个单元测试示例。该示例将构造一个目标函数 $F(X)=ax+b$，用于拟合给定的数据点，数据点样本输入为 $X^{<1>}=[-1]$，$X^{<2>}=[0]$，$X^{<3>}=[1]$，其标准输出为 $Y^{<1>}=[-1]$，$Y^{<2>}=[1]$，$Y^{<3>}=[3]$，最终通过遗传算法优化器实现参数 a 和 b 的优化，这恰好是 5.1.1 节开始所给出的例子。

1. Java实现

具体的 Java 实现代码如下：

代码 6.13　GeneticAlgorithmOptimizerTest.java

```java
public class GeneticAlgorithmOptimizerTest {

    private Optimizer optimizer;

    @BeforeEach
    public void initOptimizer() {
        // 构造 boundaries 矩阵
        Matrix boundaries = new Matrix(2, 2);
        boundaries.setValue(0, 0, -5);
        boundaries.setValue(0, 1, 5);
        boundaries.setValue(1, 0, -5);
        boundaries.setValue(1, 1, 5);
        // 初始化遗传算法优化器 optimizer
        optimizer = new GeneticAlgorithmOptimizer(boundaries);
    }

    @Test
    public void testOptimize() {
        // 构造初始参数
        Matrix params = new Matrix(1, 2);
        params.setValue(0, 0, 0.01);
        params.setValue(0, 1, 0.01);
        // 构造训练样本矩阵 trainInput
        Matrix trainInput = new Matrix(3, 1);
        trainInput.setValue(0, 0, -1);
        trainInput.setValue(1, 0, 0);
        trainInput.setValue(2, 0, 1);
        // 构造样本标签矩阵 truthOutput
        Matrix truthOutput = new Matrix(3, 1);
        truthOutput.setValue(0, 0, -1);
        truthOutput.setValue(1, 0, 1);
        truthOutput.setValue(2, 0, 3);
        // 调用 optimizer 的 optimize 方法对参数进行优化
        // 这里所创建的匿名类对应着目标函数 F(X)=ax+b 的逻辑
        Matrix optimizedParams = optimizer.optimize(new TargetFunction() {
            @Override
            public BigDecimal fun(Matrix params, Matrix args) {
                // 实现目标函数 F(X)=ax+b
                BigDecimal x = args.getValue(0, 0);
                BigDecimal a = params.getValue(0, 0);
                BigDecimal b = params.getValue(0, 1);
                BigDecimal res = a.multiply(x).add(b);
                return res;
            }
        }, params, trainInput, truthOutput);
        System.out.println(optimizedParams);
        // 判断优化后的参数是否正确，这里假设当误差小于 0.01 时认为正确
```

```
48          final BigDecimal error = new BigDecimal(0.01);
49          Assertions.assertTrue(optimizedParams.getValue(0, 0).
50                  subtract(new BigDecimal(2.0)).abs().
51                  subtract(error).compareTo(new BigDecimal(0.0)) < 0);
52          Assertions.assertTrue(optimizedParams.getValue(0, 1).
53                  subtract(new BigDecimal(1.0)).abs().
54                  subtract(error).compareTo(new BigDecimal(0.0)) < 0);
55      }
56  }
```

代码 6.13 首先初始化参数 a=0.01 和 b=0.01，然后构造数据样本输入和标准输出 $X^{<1>}$，$X^{<2>}$，$X^{<3>}$ 和 $Y^{<1>}$，$Y^{<2>}$，$Y^{<3>}$，接下来创建遗传算法降优化器 GeneticAlgorithmOptimizer 实例 optimizer，并调用其 optimize 方法对目标函数的参数进行优化。代码 6.13 的 35～45 行中创建的匿名类对应目标函数 $F(X)=ax+b$ 的逻辑。最后，通过断言判断 a 和 b 的值是否分别等于 2 和 1。

2．Python实现

具体的 Python 实现代码如下：

代码 6.14　genetic_algorithm_optimizer_test.py

```python
1   import py.target_function as tf
2   import py.genetic_algorithm_optimizer as gao
3   import numpy as np
4
5   class TestTargetFunction(tf.TargetFunction):
6       # 实现目标函数 f(x) = a * x + b
7       def fun(self, params, args):
8           x = args[0]
9           a = params[0]
10          b = params[1]
11          res = a * x + b
12          return res
13
14  def test_optimizer():
15      # 构造初始参数
16      params = np.array([0.1, 0.1])
17      # 构造训练样本矩阵 train_input
18      train_input = np.array([[-1], [0], [1]])
19      # 构造样本标签矩阵 truth_output
20      truth_output = np.array([[-1], [1], [3]])
21      # 构造 boundaries 矩阵
22      bounaries = np.array([[-5, 5], [-5, 5]])
23      # 初始化遗传算法优化器 optimizer
24      optimizer = gao.GeneticAlgorithmOptimizer(bounaries)
25      target_function = TestTargetFunction()
26      #调用 optmizer 的 optimize 函数进行参数优化
27      optimized_params = optimizer.optimize(target_function, params,
        train_input, truth_output)
28      # 打印优化后的参数
```

```
29      print(optimized_params)
30
31 if __name__ == "__main__":
32      test_optimizer()
```

代码 6.14 首先初始化参数 a=0.01 和 b=0.01，然后构造数据样本输入和标准输出 $X^{<1>}$，$X^{<2>}$, $X^{<3>}$ 和 $Y^{<1>}$, $Y^{<2>}$, $Y^{<3>}$，接下来创建遗传算法优化器 GeneticAlgorithmOptimizer 实例 optimizer，并调用其 optimize 函数对目标函数的参数进行优化。TestTargetFunction 类对应着目标函数 $F(X)=ax+b$ 的逻辑。最后，输出经过优化后的参数结果，如下：

```
Epoch 1/1000 [-1.58134271 -3.74093608]
Epoch 2/1000 [2.28079555 0.88694144]
Epoch 3/1000 [2.28079555 0.99448966]
Epoch 4/1000 [2.28079555 0.99448966]
...
Epoch 998/1000 [1.99995029 1.00005244]
Epoch 999/1000 [1.99995029 1.00005244]
Epoch 1000/1000 [1.99995029 1.00005244]
[1.99995029 1.00005244]
```

该结果近似等于参数的真实值（真实值为 a=2.0，b=1.0）

6.4　习　　题

通过下面的习题来检验本章的学习效果。

1．改变取值范围 boundaries，再次运行并调试 6.3 节中的示例，观察结果的变化。

2．尝试调整迭代次数和学习速率，再次运行并调试 6.3 节中的示例，观察在不同迭代次数和学习速率的情况下，结果的变化。

3．对比 5.3.2 节和 6.3 节的示例，观察参数优化的收敛速度，看看能得出什么结论。

第 4 篇
算法模型层

第7章 分类和回归模型

通过前面章节的学习，我们已经知悉了代数矩阵运算层、最优化方法层的概念及其实现原理。接下来我们将从最常见的分类和回归问题开始探讨，让读者理解算法模型的本质。本章介绍最为基础的分类和回归模型。首先探讨分类和回归的概念；然后，根据理论，动手实现不同的回归模型；最后利用具体的例子，讲解如何使用基础回归模型对数据进行预测，同时对比不同回归模型的效果。

7.1 分类和回归模型概述

在第1章中，我们谈到机器学习的本质是数学统计学习方法，其主要目的在于根据已有的数据，对未来或未知数据进行一定的预测和判断。后者一般被称为有监督学习问题，用数学语言可以表示为：根据已知的输入 $X=\{X^{<1>}, X^{<2>}, \cdots, X^{<n>}\}$ 及其对应的输出 $Y=\{Y^{<1>}, Y^{<2>}, \cdots, Y^{<n>}\}$，建立数学模型 $Y^{<i>}=F(X^{<i>})$，通过统计学习方法得到 $F(X^{<i>})$ 的表达，使得下式误差函数的值足够小。

$$\underset{A}{\arg\min}\, L(X) = \underset{A}{\arg\min}\, \frac{1}{n}\sum_{i=1}^{n}\Big(F(X^{<i>}) - Y^{<i>}\Big)^2 \tag{7.1}$$

将输入 X 代入 $F(X)$ 计算出 Y，这里的 Y 便是对应输入为 X 的预测值。分类和回归的区别在于，分类问题的输出值是离散的，之所以称之为分类问题，正是因为它的输出值是从有限集合中进行取值的；而相对应地，回归问题的输出值是连续的。

举例来说，假设我们要根据一个水果的颜色、气味和大小作为输入来判断它是橙子还是苹果，那这就是一个分类问题，因为它的输出结果只可能有两种：橙子和苹果；如果要根据房屋的采光度、所在地理位置、实用面积等输入值来估计房屋的售价，那这个问题就是一个回归问题，因为售价通常是一个连续值。

在这里，有些读者可能会产生疑惑，认为估计房屋售价这个问题也可以作为一个分类问题，因为房屋的价格是整数，也存在一定的范围。事实上，有些问题到底属于分类问题还是回归问题并没有严格的标准，而取决于应用场景。预测房屋价格的例子中，如果限定价格只会在某个固定的范围内，而且取值均为整数，也可以将其看作是一个分类问题，而类别的个数就是房屋价格可取值的个数。

另一方面，对于水果分类问题，如果令输出值 0、1 分别对应表示两种水果，并且允许存在一定的模糊，如 0.5 表示有 50%的概率是橙子，有 50%的概率是苹果，0.9 表示有 90%的概率是苹果，有 10%的概率是橙子，这样一来，水果分类问题就成了回归问题。由此可见，分类问题和回归问题之间关系密切。从另一种角度理解，回归可以作为分类的基础看待，因此回归问题实质上是更细粒度的分类问题。

基于上述的讲解，相信读者已经对分类问题和回归问题有所了解。接下来将重点介绍几种基础回归模型，旨在让读者更深刻地理解回归的概念。

7.2　基础回归模型

本节重点讲解几种基础回归模型，主要包括线性回归模型、对数回归模型、指数回归模型、幂函数回归模型和多项式回归模型。这些模型均采用相对简单的表达式 $F(x)$ 来构建输入 x 和输出 y 之间的关系。线性回归模型 $F(x)=a+bx$；对数回归模型 $F(x)=a+b\mathrm{ln}x$；指数回归模型 $F(x)=ae^{bx}$；幂函数回归模型 $F(x)=ax^{b}$；多项式回归模型 $F(x)=a+bx+cx^{2}+dx^{3}$。其中的重点在于线性模型，这是因为其他几种模型经过变换后都可以转化为线性回归模型进行参数求解。下面逐一介绍上述 5 种模型。

7.2.1　线性回归模型

线性回归模型可以用更为一般的矩阵相乘的形式表示为：

$$Y=X\beta \tag{7.2}$$

其中，Y、X 和 β 的形式如下：

$$\begin{bmatrix} y_1 \\ y_2 \\ \vdots \\ y_m \end{bmatrix} = \begin{bmatrix} 1 & x_{11} & \cdots & x_{1n} \\ 1 & x_{21} & \cdots & x_{2n} \\ \vdots & \vdots & \cdots & \vdots \\ 1 & x_{m1} & \cdots & x_{mn} \end{bmatrix} \bullet \begin{bmatrix} \beta_1 \\ \beta_2 \\ \vdots \\ \beta_n \end{bmatrix} \tag{7.3}$$

x_{ik} 表示第 i 个样本数据的第 k 个变量，y_i 表示第 i 个样本的输出，$\beta_1, \cdots \beta_n$ 是模型的参数。$F(X)=ax+b$ 是上述一般形式的一种特殊情况，用上述的方式可表示为：

$$\begin{bmatrix} y_1 \\ y_2 \\ \vdots \\ y_m \end{bmatrix} = \begin{bmatrix} 1 & x_{11} \\ 1 & x_{21} \\ \vdots & \vdots \\ 1 & x_{m1} \end{bmatrix} \bullet \begin{bmatrix} \beta_1 \\ \beta_2 \end{bmatrix} \tag{7.4}$$

这里的模型参数待确定，我们需要通过一系列的变换得出 $\boldsymbol{\beta}$ 的计算表达式。直观的做法是等式两边同时左乘 $\boldsymbol{X}^{-1}$，这样一来 $\boldsymbol{\beta}=\boldsymbol{X}^{-1}\boldsymbol{Y}$，通过计算 $\boldsymbol{X}^{-1}\boldsymbol{Y}$ 便可确定模型的参数 $\boldsymbol{\beta}$。

然而，$\boldsymbol{X}$ 不一定是方阵，当 $\boldsymbol{X}$ 不是方阵时不能采用 $\boldsymbol{X}^{-1}\boldsymbol{Y}$ 的方式计算 $\boldsymbol{\beta}$。为了使得当 $\boldsymbol{X}$ 不为方阵时同样能计算出 $\boldsymbol{\beta}$，首先令等式两边左乘 $\boldsymbol{X}^{T}$，得到 $\boldsymbol{X}^{T}\boldsymbol{Y}=\boldsymbol{X}^{T}\boldsymbol{X}\boldsymbol{\beta}$，然后等式两边再左乘 $(\boldsymbol{X}^{T}\boldsymbol{X})^{-1}$，最终得到 $\boldsymbol{\beta}=(\boldsymbol{X}^{T}\boldsymbol{X})^{-1}\boldsymbol{X}^{T}\boldsymbol{Y}$。注意，$\boldsymbol{X}^{T}\boldsymbol{X}$ 不一定可逆，此时可以对等式稍做变换，即令 $\boldsymbol{\beta}=(\boldsymbol{X}^{T}\boldsymbol{X}+\lambda\boldsymbol{I})^{-1}\boldsymbol{X}^{T}\boldsymbol{Y}$，其中 $\boldsymbol{I}$ 为单位矩阵，λ 取较小的值，如 $\lambda=0.001$。

接下来，笔者希望再通过另一种方式，即最小二乘法，去介绍等式 $\boldsymbol{\beta}=(\boldsymbol{X}^{T}\boldsymbol{X})^{-1}\boldsymbol{X}^{T}\boldsymbol{Y}$。回顾一下 7.1 节所述内容，回归问题的本质是要根据 $\boldsymbol{X}$ 和 $\boldsymbol{Y}$ 得到较好的关系表达 $\boldsymbol{Y}'=F(\boldsymbol{X})$，当 $F(\boldsymbol{X})$ 的形式固定时，问题转换为根据 $\boldsymbol{X}$ 和 $\boldsymbol{Y}$ 求解 $F(\boldsymbol{X})$ 的最优参数。如果用矩阵的方式来表示这一目标，可以得到：

$$\arg\min_{\boldsymbol{\beta}} L(\boldsymbol{X}) = \arg\min_{\boldsymbol{\beta}} \frac{1}{2}\left\| F(\boldsymbol{X}) - \boldsymbol{Y} \right\|_2^2 \tag{7.5}$$

对上式进行优化的一种方式为，令 $L(\boldsymbol{X})$ 对 $\boldsymbol{\beta}$ 的微分等于 0，然后求解 β：

$$\frac{\partial L(\boldsymbol{X})}{\partial \boldsymbol{\beta}} = 0 \tag{7.6}$$

对于 $F(\boldsymbol{X})=\boldsymbol{X}\boldsymbol{\beta}$ 的情况，有：

$$\frac{\partial L(\boldsymbol{X})}{\partial \boldsymbol{\beta}} = \boldsymbol{X}^{T}\boldsymbol{X}\boldsymbol{\beta} - \boldsymbol{X}^{T}\boldsymbol{Y} = 0 \Rightarrow \boldsymbol{X}^{T}\boldsymbol{X}\boldsymbol{\beta} = \boldsymbol{X}^{T}\boldsymbol{Y} \Rightarrow \boldsymbol{\beta} = (\boldsymbol{X}^{T}\boldsymbol{X})^{-1}\boldsymbol{X}^{T}\boldsymbol{Y} \tag{7.7}$$

观察上式可以发现，$\boldsymbol{\beta}$ 依然是通过 $\boldsymbol{\beta}=(\boldsymbol{X}^{T}\boldsymbol{X})^{-1}\boldsymbol{X}^{T}\boldsymbol{Y}$ 来计算的。

下面分别详细介绍 Java 和 Python 的实现方式。

1. Java实现

回归问题的性质决定了所有用于解决回归问题的模型都具有相似的结构，即都需要定义 $F(\boldsymbol{X})$ 的形式，以及根据输入 $\boldsymbol{X}$ 和输出 $\boldsymbol{Y}$ 对 $F(\boldsymbol{X})$ 的参数进行优化。因此，不妨定义一个接口作为基础模型的抽象，对于特定的回归模型，只需要实现该接口即可。

如图 7.1 所示为线性回归模型的 UML 类图。BasicModel 为基础模型的接口，LinearModel 是 BasicModel 的一个实现类。接口 BasicModel.java 包含了两个方法 optimize 和 calcValue。optimize 方法用于根据输入 $\boldsymbol{X}$ 和输出 $\boldsymbol{Y}$ 对模型 $F(\boldsymbol{X})$ 进行参数优化；calcValue 方法根据输入 $\boldsymbol{X}$ 和参数，计算输出 $\boldsymbol{Y}$。LinearModel 除了实现 BasicModel 的两个方法外，还增加了一个私有方法 convertToMatrixWithX0，该方法用于对 $\boldsymbol{X}$ 进行扩展，使得

$$\begin{bmatrix} x_{11} & \cdots & x_{1n} \\ x_{21} & \cdots & x_{2n} \\ \vdots & \cdots & \vdots \\ x_{m1} & \cdots & x_{mn} \end{bmatrix} \rightarrow \begin{bmatrix} 1 & x_{11} & \cdots & x_{1n} \\ 1 & x_{21} & \cdots & x_{2n} \\ \vdots & \vdots & \cdots & \vdots \\ 1 & x_{m1} & \cdots & x_{mn} \end{bmatrix} \tag{7.8}$$

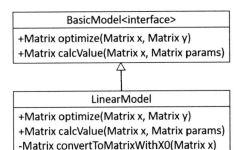

图 7.1 线性回归模型的 UML 类图

代码 7.1 BasicModel.java

```
1   public interface BasicModel {
        // optimize 方法根据 X 和 Y 对参数进行优化
2       Matrix optimize(Matrix x, Matrix y);
3       Matrix calcValue(Matrix x, Matrix params);// calcValue 方法计算 F(X)
4   }
```

代码 7.2 LinearModel.java

```
1   public class LinearModel implements BasicModel {
2       @Override
3       public Matrix optimize(Matrix x, Matrix y) {
4           // 实现公式(7.7)的计算
5           Matrix newX = convertToMatrixWithX0(x);
6           Matrix newXT = AlgebraUtil.transpose(newX);
7           Matrix params = AlgebraUtil.multiply(AlgebraUtil.multiply(
8                   AlgebraUtil.inverse(AlgebraUtil.multiply(newXT, newX)),
                    newXT), y);
9           return params;
10      }
11
12      @Override
13      public Matrix calcValue(Matrix x, Matrix params) {
14          // 实现公式(7.2)的计算
15          Matrix newX = convertToMatrixWithX0(x);
16          Matrix yHat = AlgebraUtil.multiply(newX, params);
17          return yHat;
18      }
19
20      // convertToMatrixWithX0 方法是公式(7.8)的实现
21      private Matrix convertToMatrixWithX0(Matrix x) {
22          Matrix newX = new Matrix(x.getRowNum(), x.getColNum() + 1);
23          for (int i = 1; i < newX.getColNum(); i++) {
24              for (int j = 0; j < newX.getRowNum(); j++) {
25                  BigDecimal value = new BigDecimal(x.getValue(j, i - 1).
                        doubleValue());
26                  newX.setValue(j, i, value);
27              }
28          }
```

```
29              for (int i = 0; i < newX.getRowNum(); i++) {
30                  newX.setValue(i, 0, 1);
31              }
32              return newX;
33          }
34      }
```

代码 7.1 和 7.2 分别为 BasicModel 和 LinearModel 的实现代码。BasicModel 相当简洁，此处不再赘述。LinearModel 实现了 BasicaModel 接口的 optimize 和 calcValue 方法，optimize 方法接受参数 Matrix x 和 Matrix y 分别表示 X 和 Y，首先调用私有方法 convertToMatrix-WithX0 对 X 进行扩展，然后计算并返回 $\beta=(X^TX)^{-1}X^TY$；calcValue 方法接受参数 Matrix x 和 Matrix params 分别表示 X 和 β，然后计算并返回 $Y=X\beta$；最后分析 convertToMatrixWithX0 方法如何实现对 X 的扩展，该方法接受参数 Matrix x 作为 X，接下来新建一个 Matrix newX，表示扩展后的 X，newX 的行数跟 X 相同，但比 X 多一列，其第 2 列到最后 1 列的值保持与 X 相同，之后令第一列的值全为 1，最终返回 newX。

2．Python实现

代码 7.3 给出了线性模型的 Python 实现代码。convert_to_mat_with_x0 函数将矩阵 X 扩展为 $[U, X]$，其中，U 是元素全为 1 的列向量；optimize 函数计算并返回 $\beta=(X^TX)^{-1}X^TY$；calc_value 函数计算并返回 $Y=X\beta$。

代码 7.3　linear_model.py

```python
1   import numpy as np
2
3   # optimimze 函数是公式(7.7)的实现
4   def optimize(x, y):
5       x = convert_to_mat_with_x0(x)
6       params = np.dot(np.dot(np.dot(np.transpose(x), x).I, np.transpose
        (x)), y)
7       return params
8
9   # calc_value 函数是公式(7.2)的实现
10  def calc_value(x, params):
11      x = convert_to_mat_with_x0(x)
12      y_hat = np.dot(x, params)
13      return y_hat
14
15  # conver_to_mat_with_x0 函数是公式(7.8)的实现
16  def convert_to_mat_with_x0(x):
17      return np.c_[np.ones(x.shape[0]), x]
```

7.2.2　对数回归模型

对数回归模型 $F(x)=a\ln x+b$，经过变换后可以得到线性模型的形式，并通过对线性模型进行参数优化，间接求解出对数回归模型的参数 a 和 b。观察式子 $F(x)=a+b\ln x$，令 $t=\ln x$，

则 $F(x)=at+b$，再令 $G(t)=F(x)=at+b$，此时得到线性模型 $G(t)$。可以发现 $G(t)$ 的参数和 $F(x)$ 的参数相同（即 a 和 b），因此只需要首先构造 $G(t)$，然后采用 7.2.1 节中的方法对 $G(t)$ 进行参数优化即可得到 a 和 b。

1. Java实现

如图 7.2 所示为对数回归模型的 UML 类图，与 LinearModel 类似，LogarithmModel 作为对数回归模型的实现类，实现了 BasicModel 接口。

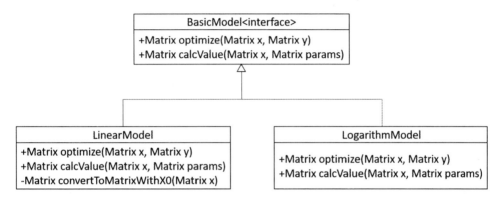

图 7.2　对数回归模型的 UML 类图

代码 7.4 给出了 LogarithmModel 类的代码。LogarithmModel 实现了 BasicaModel 接口的 optimize 和 calcValue 方法，optimize 方法接受参数 Matrix x 和 Matrix y 分别表示 X 和 Y，首先计算出 lnx，然后创建一个 LinearModel 的实例 linearModel，借助 linearModel 的 optimize 方法来求解出参数 params，最后返回 params；calcValue 方法接受参数 Matrix x 和 Matrix params，同样先计算出 lnx，然后创建一个 LinearModel 的实例，借助它的 calcValue 来计算出 $y=a+b\ln x$。

代码 7.4　LogarithmModel.java

```java
public class LogarithmModel implements BasicModel {
    @Override
    public Matrix optimize(Matrix x, Matrix y) {
        // 构造 lnx
        Matrix lnx = new Matrix(x.getRowNum(), x.getColNum());
        for (int i = 0; i < lnx.getRowNum(); i++) {
            for (int j = 0; j < lnx.getColNum(); j++) {
                BigDecimal value = new BigDecimal(
                    Math.log(x.getValue(i, j).doubleValue()));
                lnx.setValue(i, j, value);
            }
        }
        // 借助线性模型求解出 y=a+blnx 的参数 a 和 b
        LinearModel linearModel = new LinearModel();
```

```
15        Matrix params = linearModel.optimize(lnx, y);
16        return params;
17    }
18
19    @Override
20    public Matrix calcValue(Matrix x, Matrix params) {
21        // 构造lnx
22        Matrix lnx = new Matrix(x.getRowNum(), x.getColNum());
23        for (int i = 0; i < x.getRowNum(); i++) {
24            for (int j = 0; j < x.getColNum(); j++) {
25                BigDecimal value = new BigDecimal(
26                    Math.log(x.getValue(i, j).doubleValue()));
27                lnx.setValue(i, j, value);
28            }
29        }
30        // 借助线性模型计算出a+blnx 的值
31        LinearModel linearModel = new LinearModel();
32        return linearModel.calcValue(lnx, params);
33    }
34 }
```

2．Python实现

代码 7.5 给出了对数回归模型的代码 logarithm_model。optmize 函数根据输入 x 和输出 y 来优化 $F(x)=a+b\ln x$ 的参数 a 和 b，具体实现为直接调用代码 7.3 中 linear_model 的 optimize 函数对 $\ln x$ 和 y 进行优化；calc_value 函数计算 $F(x)=a+b\ln x$，同样利用 linear_model 的 calc_value 函数进行计算。

代码 7.5　logarithm_model.py

```python
1  import numpy as np
2  import py.linear_model
3
4  def optimize(x, y):
5      # 借助线性模型求解出 F(x)=a+blnx 的参数 a 和 b
6      params = py.linear_model.optimize(np.log(x), y)
7      return params
8
9  def calc_value(x, params):
10     # 借助线性模型计算 a+blnx
11     y_hat = py.linear_model.calc_value(np.log(x), params)
12     return y_hat
```

7.2.3　指数回归模型

指数回归模型 $F(x)=ae^{bx}$，同样可以经过变换得到线性模型的形式。对 $y=F(x)=ae^{bx}$ 两边取对数，得到：

$$\ln y = \ln(ae^{bx}) \Rightarrow \ln y = \ln a + \ln e^{bx} \Rightarrow \ln y = \ln a + bx\ln e \qquad (7.9)$$

由于 lne=1，因此有：

$$\ln y = \ln a + bx \tag{7.10}$$

再令 t=ln$y$，β_1=ln$a$，β_2=b，则有 t=$F(x)$=β_1+$\beta_2 x$，此时便可以采用线性模型来求解出 β_1 和 β_2，再求解出 a 和 b。

1. Java实现

如图 7.3 所示为指数回归模型的 UML 类图，ExponentialModel 作为指数回归模型的实现类，与 LogarithmModel 类似，此处就不再赘述。

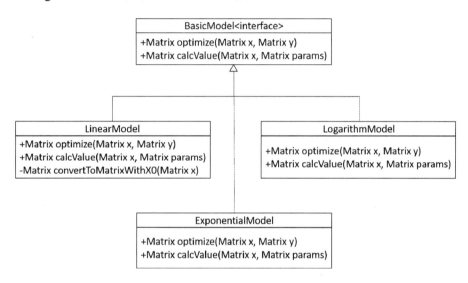

图 7.3　指数回归模型的 UML 类图

代码 7.6 给出了 ExponentialModel 类的代码。ExponentialModel 包含来自 BasicModel 接口的 optimize 和 calcValue 方法，optimize 方法接受参数 Matrix x 和 Matrix y 分别表示 $\mathbf{X}$ 和 $\mathbf{Y}$，首先计算出 ln$y$，然后创建了一个 LinearModel 的实例 linearModel，借助 linearModel 的 optimize 方法求解出参数 params，在 params 中得到 ln$a$ 和 b，再根据 ln$a$ 求出 a，最后重新封装 a 和 b 作为 params 并返回；calcValue 方法接受参数 Matrix x 和 Matrix params，先从 params 中得到 a 和 b，计算出 ln$a$，然后创建一个 LinearModel 的实例，借助它的 calcValue，计算出 ln$y$=ln$a$+bx，最后根据 ln$y$ 计算出 y 并返回。

代码 7.6　ExponentialModel.java

```
1    public class ExponentialModel implements BasicModel {
2        @Override
3        public Matrix optimize(Matrix x, Matrix y) {
4            // 构造公式(7.10)所需的lny
5            Matrix lny = new Matrix(y.getRowNum(), y.getColNum());
6            for (int i = 0; i < lny.getRowNum(); i++) {
```

```
7                    for (int j = 0; j < lny.getColNum(); j++) {
8                        BigDecimal value = new BigDecimal(
9                            Math.log(y.getValue(i, j).doubleValue()));
10                       lny.setValue(i, j, value);
11                   }
12               }
13               // 借助线性模型求解出公式(7.10)的参数 a 和 b
14               LinearModel linearModel = new LinearModel();
15               Matrix params = linearModel.optimize(x, lny);
16               BigDecimal lna = params.getValue(0, 0);
17               BigDecimal a = new BigDecimal(Math.exp(lna.doubleValue()));
18               BigDecimal b = params.getValue(1, 0);
19               params.setValue(0, 0, a);
20               params.setValue(1, 0, b);
21               return params;
22           }
23
24           @Override
25           public Matrix calcValue(Matrix x, Matrix params) {
26               BigDecimal a = params.getValue(0, 0);
27               BigDecimal b = params.getValue(1, 0);
28               Matrix linearParams = new Matrix(2, 1);
29               // 构造公式(7.10)中的 lna
30               BigDecimal lna = new BigDecimal(Math.log(a.doubleValue()));
31               linearParams.setValue(0, 0, lna);
32               linearParams.setValue(1, 0, b);
33               // 借助线性模型，计算出公式(7.10)中的 lny
34               LinearModel linearModel = new LinearModel();
35               Matrix lny = linearModel.calcValue(x, linearParams);
36               // 通过 lny 来进一步计算出 y
37               Matrix y = new Matrix(lny.getRowNum(), lny.getColNum());
38               for (int i = 0; i < lny.getRowNum(); i++) {
39                   BigDecimal yi = new BigDecimal(Math.exp(lny.getValue(i, 0).
                     doubleValue()));
40                   y.setValue(i, 0, yi);
41               }
42               return y;
43           }
44       }
```

2. Python实现

代码 7.7 给出了指数回归模型的代码 exponential_model。optimize 函数实现指数模型 $F(x)=ae^{bx}$ 的参数优化，首先调用代码 7.3 中 linear_model 的 optimize 函数，根据 x 和 $\ln y$ 得出优化后的参数 params，params 得出了公式（7.10）中的 $\ln a$ 和 b，然后对 $\ln a$ 求指数得到 a，最后将 a 和 b 作为 params 返回；calc_value 函数计算 $F(x)=ae^{bx}$，实现方法是调用 linear_model 的 calc_value 计算公式（7.10）的 $\ln y$，然后对 $\ln y$ 求指数得出 y。

代码 7.7　exponential_model.java

```
1    import numpy as np
2    import py.linear_model
3
```

```
4   def optimize(x, y):
5       # 利用线性模型求解出公式(7.10)中的 a 和 b
6       params = py.linear_model.optimize(x, np.log(y))
7       lna = params[0][0]
8       a = np.exp(lna)
9       params[0][0] = a
10      return params
11
12  def calc_value(x, params):
13      a = params[0][0]
14      params[0][0] = np.log(a)
15      # 利用线性模型计算出公式(7.10)中的 lny
16      lny = py.linear_model.calc_value(x, params)
17      # 通过 lny 计算出 y
18      y = np.exp(lny)
19      return y
```

7.2.4　幂函数回归模型

幂函数模型 $F(x)=ax^b$，同样可以转换成线性模型求解参数 a 和 b。对 $y=F(x)=ax^b$ 两边取对数，得到：

$$\ln y = \ln ax^b \Rightarrow \ln y = \ln a + \ln x^b \Rightarrow \ln y = \ln a + b \ln x \qquad (7.11)$$

观察上式，令 $t=\ln y$，$\beta_1=\ln a$，$\beta_2=b$，$s=\ln x$，则有 $t=F(s)=\beta_1+\beta_2 s$。可见，此时能够采用线性模型求解出 β_1 和 β_2，进而求解出 a 和 b。

1. Java实现

幂函数回归模型的 UML 类图如图 7.4 所示。幂函数模型 PowerModel 类与其他模型类似，实现了 BasicModel 接口，包含来自接口的两个方法：optimize 和 calcValue。

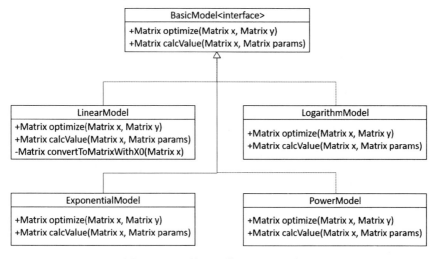

图 7.4　幂函数回归模型的 UML 类图

代码 7.8 给出了 PowerModel 类的代码，PowerModel 包含来自 BasicModel 接口的 optimize 和 calcValue 方法。optimize 方法先构造 $\ln x$ 和 $\ln y$，然后创建 LinearModel 的实例 linearModel，调用 linearModel 的 optimize 方法得到公式（7.11）中的 $\ln a$ 和 b，对 $\ln a$ 的值求指数求得 a，令 a 和 b 作为指数模型的参数 params 返回；calcValue 方法先构造 $\ln x$ 和 $\ln a$，然后创建 LinearModel 的实例 linearModel，调用 linearModel 的 calcValue 方法计算出公式（7.11）中的 $\ln y$，对其求指数得到 y 并返回。

代码 7.8　PowerModel.java

```java
public class PowerModel implements BasicModel {
    @Override
    public Matrix optimize(Matrix x, Matrix y) {
        // 构造公式(7.11)中的 lnx
        Matrix lnx = new Matrix(x.getRowNum(), x.getColNum());
        for (int i = 0; i < lnx.getRowNum(); i++) {
            for (int j = 0; j < lnx.getColNum(); j++) {
                BigDecimal value = new BigDecimal(
                    Math.log(x.getValue(i, j).doubleValue()));
                lnx.setValue(i, j, value);
            }
        }
        // 构造公式(7.11)中的 lny
        Matrix lny = new Matrix(y.getRowNum(), y.getColNum());
        for (int i = 0; i < lny.getRowNum(); i++) {
            for (int j = 0; j < lny.getColNum(); j++) {
                BigDecimal value = new BigDecimal(
                    Math.log(y.getValue(i, j).doubleValue()));
                lny.setValue(i, j, value);
            }
        }
        // 利用线性模型求解出公式(7.11)中的 a 和 b
        LinearModel linearModel = new LinearModel();
        Matrix params = linearModel.optimize(lnx, lny);
        BigDecimal lna = params.getValue(0, 0);
        BigDecimal b = params.getValue(1, 0);
        BigDecimal a = new BigDecimal(Math.exp(lna.doubleValue()));
        params.setValue(0, 0, a);
        return params;
    }

    @Override
    public Matrix calcValue(Matrix x, Matrix params) {
        // 构造公式(7.11)中的 lnx
        Matrix lnx = new Matrix(x.getRowNum(), x.getColNum());
        for (int i = 0; i < lnx.getRowNum(); i++) {
            for (int j = 0; j < lnx.getColNum(); j++) {
                BigDecimal value = new BigDecimal(
                    Math.log(x.getValue(i, j).doubleValue()));
                lnx.setValue(i, j, value);
            }
        }
        BigDecimal a = params.getValue(0, 0);
```

```
44          BigDecimal b = params.getValue(1, 0);
45          // 构造公式(7.11)中的lna
46          BigDecimal lna = new BigDecimal(Math.log(a.doubleValue()));
47          Matrix linearParams = new Matrix(2, 1);
48          linearParams.setValue(0, 0, lna);
49          linearParams.setValue(1, 0, b);
50          // 利用线性模型计算出公式(7.11)中的lny
51          LinearModel linearModel = new LinearModel();
52          Matrix lny = linearModel.calcValue(lnx, linearParams);
53          // 通过lny进一步计算出y
54          Matrix y = new Matrix(lny.getRowNum(), lny.getColNum());
55          for (int i = 0; i < lny.getRowNum(); i++) {
56              BigDecimal yi = new BigDecimal(Math.exp(lny.getValue(i, 0).
                doubleValue()));
57              y.setValue(i, 0, yi);
58          }
59          return y;
60      }
61  }
```

2. Python实现

代码 7.9 是指数回归模型的代码，optimize 函数先构造 lnx 和 lny，然后利用代码 7.3 中 linear_model 的 optimize 得到公式（7.11）中的 lna 和 b，对 lna 的值求指数求得 a，令 a 和 b 作为指数模型的参数 params 返回；calc_value 函数先构造 lnx 和 lna，利用 linear_model 中的 calc_value 计算出公式（7.11）中的 lny，对其求指数得到 y 并返回。

代码 7.9　power_model.py

```python
1   import numpy as np
2   import py.linear_model
3
4   def optimize(x, y):
5       # 构造公式(7.11)中的lnx和lny
6       lnx = np.log(x)
7       lny = np.log(y)
8       #利用线性模型求解出公式(7.11)中的a和b
9       params = py.linear_model.optimize(lnx, lny)
10      lna = params[0][0]
11      a = np.exp(lna)
12      params[0][0] = a
13      return params
14
15  def calc_value(x, params):
16      # 构造公式(7.11)中的lnx和lna
17      lnx = np.log(x)
18      a = params[0][0]
19      lna = np.log(a)
20      params[0][0] = lna
21      # 利用线性模型计算出公式(7.11)中的lny
22      lny = py.linear_model.calc_value(lnx, lna)
23      # 通过lny进一步计算出y
```

```
24        y = np.exp(lny)
25        return y
```

7.2.5 多项式回归模型

多项式回归模型 $F(x)=a+bx+cx^2+dx^3$ 本身是一个多维的线性模型，符合 7.2.1 节开始所使用的表示方式 $Y=X\beta$：

$$\begin{matrix} Y & X & \beta \end{matrix}$$

$$\begin{bmatrix} y_1 \\ y_2 \\ \vdots \\ y_m \end{bmatrix} = \begin{bmatrix} 1 & x_1 & x_1^2 & x_1^3 \\ 1 & x_2 & x_2^2 & x_2^3 \\ \vdots & \vdots & \vdots & \vdots \\ 1 & x_m & x_m^2 & x_m^3 \end{bmatrix} \bullet \begin{bmatrix} \beta_1 \\ \beta_2 \\ \beta_3 \\ \beta_4 \end{bmatrix} \qquad (7.12)$$

因此，可以直接使用线性模型求解出 β，然后分别得出参数 a、b、c、d。

1. Java实现

多项式回归模型的 UML 类图如图 7.5 所示，与其他模型相比，增加了 wrapInputMatrixX 方法，该方法用于构造 $Y=X\beta$ 中的 X。

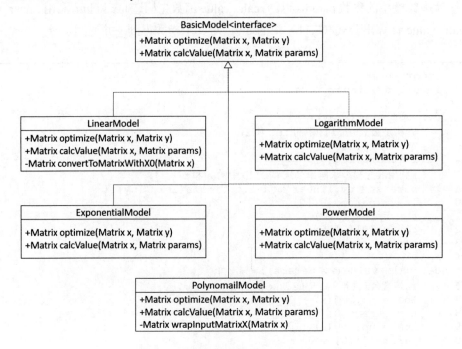

图 7.5　多项式回归模型的 UML 类图

代码 7.10 给出了 PolynomialModel 类的代码。PolynomialModel 除了包含来自

BasicModel 接口的 optimize 和 calcValue 方法外，wrapInputMatrixX 方法根据输入参数 Matrix x，计算出 x^2 和 x^3，然后构造 X，用于计算 $Y=X\beta$；optimize 方法接受参数 Matrix x 和 Matrix y，先调用 wrapInputMatrixX 方法构造 X，然后创建了一个线性模型 LinearModel linearModel，利用 linearModel 的 optimize 方法，根据 X 和 Y 优化得到参数 β（即 params）并返回；calcValue 方法接受参数 Matrix x 和 Matrix params，同样先调用 wrapInputMatrixX 方法构造 X，然后创建线性模型 LinearModel linearModel，利用 linearModel 的 calcValue 方法计算 $Y=X\beta$ 并返回。

代码 7.10　PolynomialModel.java

```java
public class PolynomialModel implements BasicModel {
    // wrapInputMatrixX 方法用于构造公式(7.12)中的 X
    private Matrix wrapInputMatrixX(Matrix x) {
        Matrix x2 = new Matrix(x.getRowNum(), x.getColNum());
        Matrix x3 = new Matrix(x.getRowNum(), x.getColNum());
        for (int i = 0; i < x.getRowNum(); i++) {
            for (int j = 0; j < x.getColNum(); j++) {
                x2.setValue(i, j, new BigDecimal(
                    Math.pow(x.getValue(i, j).doubleValue(), 2)));
                x3.setValue(i, j, new BigDecimal(
                    Math.pow(x.getValue(i, j).doubleValue(), 3)));
            }
        }

        Matrix[] xMat = new Matrix[]{x, x2, x3};
        Matrix newX = new Matrix(x.getRowNum(), 3);
        for (int i = 0; i < newX.getColNum(); i++) {
            for (int j = 0; j < newX.getRowNum(); j++) {
                BigDecimal value = xMat[i].getValue(j, 0);
                newX.setValue(j, i, value);
            }
        }
        return newX;
    }

    @Override
    public Matrix optimize(Matrix x, Matrix y) {
        // 构造公式(7.12)中的 X
        Matrix newX = wrapInputMatrixX(x);
        // 利用线性模型求解出公式(7.12)中的参数 beta
        LinearModel linearModel = new LinearModel();
        Matrix params = linearModel.optimize(newX, y);
        return params;
    }

    @Override
    public Matrix calcValue(Matrix x, Matrix params) {
        // 构造公式(7.12)中的 X
        Matrix newX = wrapInputMatrixX(x);
        // 利用线性模型计算公式(7.12)中的 Y
        LinearModel linearModel  = new LinearModel();
```

```
42        Matrix y = linearModel.calcValue(newX, params);
43        return y;
44    }
45  }
```

2．Python实现

代码 7.11 给出了多项式回归的代码，optimize 函数先构造公式（7.12）中的 **X**，然后利用代码 7.3 中 linear_model 的 optimize 得到 **β** 并返回；calc_value 同样先构造公式（7.12）中的 **X**，然后计算 **Y**=**Xβ** 并返回。

代码 7.11　polynomial_model.py

```python
1   import numpy as np
2   import py.linear_model
3
4   def optimize(x, y):
5       # 构造公式(7.12)中的 X
6       x = np.c_[x, np.power(x, 2), np.power(x, 3)]
7       # 利用线性模型求解出公式(7.12)中的参数 beta
8       params = py.linear_model.optimize(x, y)
9       return params
10
11  def calc_value(x, params):
12      # 构造公式(7.12)中的 X
13      x = np.c_[x, np.power(x, 2), np.power(x, 3)]
14      # 利用线性模型计算出公式(7.12)中的 Y
15      y = py.linear_model.calc_value(x, params)
16      return y
```

7.3　分类回归分析的例子

本节将给出本章所介绍的基础回归模型的相关示例，通过示例可以更好地理解基础回归模型。

7.3.1　示例：验证对数回归模型

1．Java实现

通过一个单元测试的例子来验证对数回归模型。具体的 Java 实现代码如下：

代码 7.12　LogarithmModelTest.java

```java
1   public class LogarithmModelTest {
2       @Test
3       public void testLinearModel() {
```

```
4                  // 构造输入 x
5                  Matrix x = new Matrix(10, 1);
6                  x.setValue(0, 0, 1);
7                  x.setValue(1, 0, 2);
8                  x.setValue(2, 0, 3);
9                  x.setValue(3, 0, 4);
10                 x.setValue(4, 0, 5);
11                 x.setValue(5, 0, 6);
12                 x.setValue(6, 0, 7);
13                 x.setValue(7, 0, 8);
14                 x.setValue(8, 0, 9);
15                 x.setValue(9, 0, 10);
16                 // 构造输入 x 所对应的输出 y
17                 Matrix y = new Matrix(10, 1);
18                 y.setValue(0, 0, 3.00);
19                 y.setValue(1, 0, 4.38629436119891);
20                 y.setValue(2, 0, 5.19722457733622);
21                 y.setValue(3, 0, 5.772588722239782);
22                 y.setValue(4, 0, 6.218875824868201);
23                 y.setValue(5, 0, 6.58351893845611);
24                 y.setValue(6, 0, 6.891820298110627);
25                 y.setValue(7, 0, 7.1588830833596715);
26                 y.setValue(8, 0, 7.394449154672439);
27                 y.setValue(9, 0, 7.605170185988092);
28                 // 创建对数模型
29                 LogarithmModel logarithmModel = new LogarithmModel();
30                 // 根据 x 和 y 解出对数模型中的参数
31                 Matrix params = logarithmModel.optimize(x, y);
32                 // 打印参数
33                 System.out.println(params);
34                 // 验证当输入为 0 时，对数模型的输出是否为 3
35                 final BigDecimal error = new BigDecimal(0.00001);
36                 Assertions.assertTrue(params.getValue(0, 0).subtract(new
                   BigDecimal (3.0)).abs().
37                    subtract(error).compareTo(new BigDecimal(0.0)) < 0);
38                 // 验证当输入为 1 时，对数模型的输出是否为 2
39                 Assertions.assertTrue(params.getValue(1, 0).subtract(new
                   BigDecimal(2.0)).abs().
40                    subtract(error).compareTo(new BigDecimal(0.0)) < 0);
41                 // 验证当输入为 15 时，输出是否为 8.416100402204421
42                 Matrix newX = new Matrix(1, 1);
43                 newX.setValue(0, 0, 15);
44                 BigDecimal res = logarithmModel.calcValue(newX, params).get
                   Value(0, 0);
45                 System.out.println(res);
46                 Assertions.assertTrue(res.subtract(new BigDecimal
                   (8.416100402204421).abs()).
47                    subtract(error).compareTo(new BigDecimal(0.0)) < 0);
48         }
49     }
```

代码 7.12 首先初始化输入 X 和输出 Y，然后创建对数模型 Logarithm logarithm，调用 logarithm 的 optimize 方法，根据 X 和 Y 优化对数模型的参数，params 为优化后的参数，

相当于对数模型 $F(x)=a+b\ln x$ 中的参数 a 和 b 的值，接下来通过断言判断 a 和 b 的值是否分别等于 3 和 2，最后根据优化后的参数 params，调用 logarithm 的 calcValue，计算 $F(15)$，并判断其值是否近似等于 8.416100402204421。

2．Python实现

代码 7.13 首先初始化 X 和 Y，然后调用代码 7.5 中 logarithm_model 的 optimize 函数优化参数得到 params，最后调用 logarithm_model 的 calc_value 计算 y_hat。

代码 7.13　logarithm_model_test.py

```
1   import numpy as np
2   import py.logarithm_model
3
4   def test_logarithm_model():
5       # 构造输入 x 和对应的输出 y
6       x = np.mat([[1], [2], [3], [4], [5], [6], [7], [8], [9], [10]])
7       y = np.mat([[3], [4.38629436119891], [5.19722457733622],
        [5.772588722239782],
8       [6.218875824868201],[6.58351893845611], [6.891820298110627],
        [7.1588830833596715],
9       [7.394449154672439], [7.605170185988092]])
10      # 根据 x 和 y 解出对数模型的参数
11      params = py.logarithm_model.optimize(x, y)
12      # 打印参数
13      print(params)
14      # 得出对数模型对 x 的计算结果
15      y_hat = py.logarithm_model.calc_value(x, params)
16      # 打印结果
17      print(y_hat)
18
19  if __name__ == "__main__":
20      test_logarithm_model()
```

7.3.2　示例：对比不同模型

本节通过一个示例对比不同的基础模型。具体方法是给定一组固定的样本输入 X 和输出 Y，分别创建线性、对数、幂函数、指数和多项式回归模型，然后根据 X 和 Y 计算出各模型对应的参数，针对每一个模型，计算出 $F(X)$，然后计算均方误差：

$$RMSE = \sqrt{\frac{1}{N}\left\| F(X)-Y \right\|_2^2} \qquad (7.13)$$

其中，N 是输入 X 的样本数量，均方误差越小，说明该模型在训练集上越有效。

1．Java实现

具体的 Java 实现代码如下：

代码 7.14　BasicModelTest.java

```java
1   public class BasicModelTest {
2       private Matrix x;
3       private Matrix y;
4
5       @BeforeEach
6       public void init() {
7           // 构造输入 x
8           x = new Matrix(10, 1);
9           x.setValue(0, 0, 1);
10          x.setValue(1, 0, 2);
11          x.setValue(2, 0, 3);
12          x.setValue(3, 0, 4);
13          x.setValue(4, 0, 5);
14          x.setValue(5, 0, 6);
15          x.setValue(6, 0, 7);
16          x.setValue(7, 0, 8);
17          x.setValue(8, 0, 9);
18          x.setValue(9, 0, 10);
19          // 构造输入 x 所对应的输出 y
20          y = new Matrix(10, 1);
21          y.setValue(0, 0, 3.00);
22          y.setValue(1, 0, 4.38629436119891);
23          y.setValue(2, 0, 5.19722457733622);
24          y.setValue(3, 0, 5.772588722239782);
25          y.setValue(4, 0, 6.218875824868201);
26          y.setValue(5, 0, 6.58351893845611);
27          y.setValue(6, 0, 6.891820298110627);
28          y.setValue(7, 0, 7.1588830833596715);
29          y.setValue(8, 0, 7.394449154672439);
30          y.setValue(9, 0, 7.605170185988092);
31      }
32      // 定义均方误差 RMSE 的计算函数，给定模型后计算出对应的 RMSE
33      private BigDecimal calcRmse(BasicModel basicModel) {
34          Matrix params = basicModel.optimize(x, y);
35          Matrix yHat = basicModel.calcValue(x, params);
36          BigDecimal rmse = AlgebraUtil.multiply(AlgebraUtil.transpose(
37              AlgebraUtil.subtract(yHat, y)), AlgebraUtil.subtract(yHat, y)).
38              getValue(0, 0);
39          rmse = new BigDecimal(Math.sqrt(rmse.doubleValue() / y.get
            RowNum()));
40          return rmse;
41      }
42      // compareBasicModels 用于比较不同模型的均方误差 RMSE
43      @Test
44      public void compareBasicModels() {
```

```
45          // 分别创建线性模型、对数模型、幂函数模型、指数模型和多项式模型并计算，打
               印出它们的均方误差 RMSE
46          BasicModel linearModel = new LinearModel();
47          System.out.println(String.format("Linear Model RMSE: %.2f",
48              calcRmse(linearModel)));
49          BasicModel logarithmModel = new LogarithmModel();
50          System.out.println(String.format("Logarithm Model RMSE: %.2f",
51              calcRmse(logarithmModel)));
52          BasicModel powerModel = new PowerModel();
53          System.out.println(String.format("Power Model RMSE: %.2f",
54              calcRmse(powerModel)));
55          BasicModel exponentialModel = new ExponentialModel();
56          System.out.println(String.format("Exponential Model RMSE: %.2f",
57              calcRmse(exponentialModel)));
58          BasicModel polynomialModel = new PolynomialModel();
59          System.out.println(String.format("Polynomial Model RMSE: %.2f",
60              calcRmse(polynomialModel)));
61      }
62  }
```

代码 7.14 中包含 3 个方法：init、calcRmse 和 compareBasicModels。init 方法用于初始化一组固定的输入 X 和输出 Y；calcRmse 方法根据特定的模型，计算 RMSE；compareBasicModels 方法分别创建了本章介绍的 5 个基础模型，并分别调用 calcRmse 计算各自的 RMSE。运行 BasicModelTest 的结果如下：

```
1   Linear Model RMSE: 0.43
2   Logarithm Model RMSE: 0.00
3   Power Model RMSE: 0.20
4   Exponential Model RMSE: 0.59
5   Polynomial Model RMSE: 0.06
```

由结果可见，对数回归模型在这组数据集上表现最好。

2．Python实现

具体的 Python 实现代码如下：

代码 7.15　basic_model_test.py

```python
1   import numpy as np
2   import py.linear_model
3   import py.logarithm_model
4   import py.power_model
5   import py.exponential_model
6   import py.polynomial_model
7
8   # calc_rmse 函数用于计算指定模型的均方误差 RMSE
9   def calc_rmse(y_hat, y):
```

```
10        n = y_hat.shape[0]
11        rmse = np.power(np.sum(np.power(y_hat - y, 2)) / n, 0.5)
12        return rmse
13
14    def compare_basic_model():
15        # 构造输入 x 和对应的输出 y
16        x = np.mat([[1], [2], [3], [4], [5], [6], [7], [8], [9], [10]])
17        y = np.mat([[3], [4.38629436119891], [5.19722457733622], [5.772588722239782],
18                    [6.218875824868201],[6.58351893845611], [6.891820298110627],
19                    [7.1588830833596715], [7.394449154672439], [7.605170185988092]])
20        # 分别创建线性模型、对数模型、幂函数模型、指数模型和多项式模型并计算，打印出
21        # 它们的均方误差 RMSE
22        linear_params = py.linear_model.optimize(x, y)
23        linear_y_hat = py.linear_model.calc_value(x, linear_params)
24        linear_rmse = calc_rmse(linear_y_hat, y)
25        print("Linear Model RMSE: %.2f" %linear_rmse)
26
27        logarithm_params = py.logarithm_model.optimize(x, y)
28        logarithm_y_hat = py.logarithm_model.calc_value(x, logarithm_params)
29        logarithm_rmse = calc_rmse(logarithm_y_hat, y)
30        print("Logarithm Model RMSE: %.2f" %logarithm_rmse)
31
32        power_params = py.power_model.optimize(x, y)
33        power_y_hat = py.power_model.calc_value(x, power_params)
34        power_rmse = calc_rmse(power_y_hat, y)
35        print("Power Model RMSE: %.2f" %power_rmse)
36
37        exponential_params = py.exponential_model.optimize(x, y)
38        exponential_y_hat = py.exponential_model.calc_value(x, exponential_
          params)
39        exponential_rmse = calc_rmse(exponential_y_hat, y)
40        print("Exponential Model RMSE: %.2f" %exponential_rmse)
41
42        polynomial_params = py.polynomial_model.optimize(x, y)
43        polynomial_y_hat = py.polynomial_model.calc_value(x, polynomial_
          params)
44        polynomial_rmse = calc_rmse(polynomial_y_hat, y)
45        print("Polynomial Model RMSE: %.2f" %polynomial_rmse)
46
47    if __name__ == "__main__":
48        compare_basic_model()
```

代码 7.15 对比了不同的回归模型代码。calc_rmse 函数用于计算公式（7.13）的均方误差；compare_basic_model 函数针对同一组输入 X 和输出 Y，采用本章所介绍的不同的基础回归模型，计算其均方误差。运行 basic_model_test.py 的结果如下：

```
1    Linear Model RMSE: 0.43
2    Logarithm Model RMSE: 0.00
3    Power Model RMSE: 0.20
4    Exponential Model RMSE: 0.59
5    Polynomial Model RMSE: 0.06
```

由结果可见，对数回归模型在这组数据集上表现最好。

7.4　习　　题

通过下面的习题来检验本章的学习效果。

1. 参考 7.3.1 节的对数回归模型示例，分别针对线性回归模型、指数回归模型、幂函数回归模型和多项式回归模型编写对应的示例。

2. 尝试使用第 5 章或第 6 章中的优化器，对基础回归模型进行参数优化，并进行对比。

3. 假设某产品的广告费和销售额的历史数据如表 7.1 所示。

表 7.1　产品的广告费和销售额的历史数据

广告费（万元）	4	8	9	8	7	12	6	10	6	9
销售额（万元）	9	20	22	15	17	23	18	25	10	20

尝试使用线性回归模型预测广告费为 5 万元时的销售额。

4. 尝试分别使用对数回归模型、指数回归模型、幂函数回归模型和多项式回归模型求解第 3 题，观察结果的差异，并思考哪一种模型更有效。

第 8 章　多层神经网络模型

通过第 7 章的学习，我们了解了解决回归问题的基本模型和方法。本章将进一步引用一个更为复杂的解决回归问题的模型——多层神经网络模型。

本章主要涉及以下知识点：

- 多层神经网络模型的表达形式；
- 多层神经网络模型的前馈运算和反向传播；
- 多层神经网络模型的具体实现；
- 多层神经网络模型的应用，即通过具体的示例，演示如何使用多层神经网络模型。

8.1　多层神经网络模型概述

多层神经网络模型主要用于解决复杂的回归问题，它实质上是一个复合的模型，由各个简单的单元组成，不同的单元相互之间通过一种特殊的方式进行连接，进而形成了网络。接下来我们将从多层神经网络模型的表达形式展开阐述，然后进一步对网络的前馈运算和反向传播两个重要概念进行讲解。

8.1.1　网络模型的表达形式

在讨论多层神经网络模型之前，让我们先来回顾一下回归问题的本质。如图 8.1 所示，任何一个回归问题都可以抽象为图 8.1a）的形式，即借助于一个合适的模型，根据输入，得到合理的输出，而当我们将输入定义为 X 时，模型相应地可以定义为一个通用的未知函数 F，输出则可以用 $F(X)$ 来表示。

真正需要关注的是如何得到一个合适的模型。得到模型的过程即模型的训练过程，一般可以抽象为图 8.1b）的形式。结合第 7 章中的基本回归模型，便能较好地理解图 8.1。

既然回归问题的本质是得到合适的 F，那么 F 的表达形式就变得至关重要。多层神经网络模型是 F 的一种表达形式，一个 n 层的神经网络拥有如图 8.2 所示的结构。

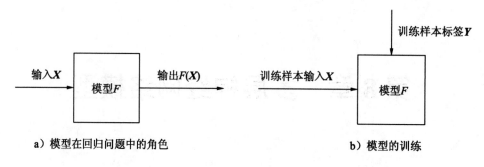

a）模型在回归问题中的角色　　　　　　　　　b）模型的训练

图 8.1　回归问题的本质

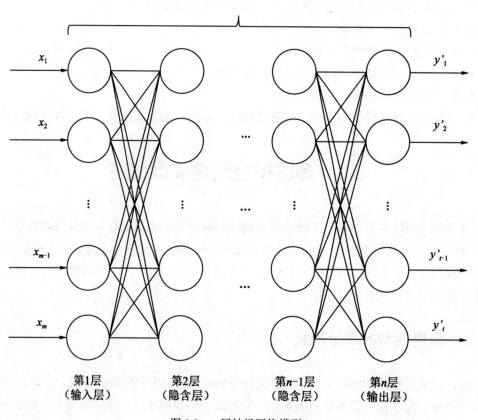

图 8.2　n 层神经网络模型

如果将图 8.2 所展示的 n 层神经网络模型当作一个黑盒子，那么就相当于图 8.1 的模型 F。换句话说，图 8.2 是图 8.1 中模型 F 的展开。模型的输入 $X=[x_1, x_2, \cdots, x_m]$，输出为 $Y'=[y'_1, y'_2, \cdots, y'_t]$，而关键在于 X 到 Y 之间的这个计算过程，也就是 $F(X)$ 的逻辑。这个计算过程被称为前馈运算，将在 8.1.2 节中对其运算过程进行详细阐述。

8.1.2　前馈运算

通过图 8.2 可以看到，网络中的每一层都由很多个单元（图 8.2 中使用了圆形表示）组成。接下来我们从输入看一下一个具体的单元是如何进行计算的。图 8.3 以第 2 层网络中的第 k 个单元为例，说明该单元的具体计算过程。如图 8.3 所示，第 1 层输入的是 $X=[x_1, x_2, \cdots, x_m]$，第 2 层的第 k 个单元和第 1 层的第 j 个单元之间存在着一个权值参数 $w^{\{1\}}_{k,j}$，第 2 层的第 k 个单元的输出值为

$$o_k^{\{1\}} = g\left(p_k^{\{1\}}\right) = g\left(b_k^{\{1\}} + \sum_{i=1}^{m} x_i w_{k,i}^{\{1\}}\right) \tag{8.1}$$

$$g(x) = \frac{1}{1-e^{-x}} \tag{8.2}$$

这里，$b^{\{1\}}_k$ 是附着在单元上的偏置值，而每个单元都有一个偏置值。$g(x)$ 称为激活函数，用于对结果进行非线性映射，使得模型能够拥有处理非线性问题的能力，一般采用 *sigmoid* 函数 $g(x)=1/(1-e^{-x})$ 作为激活函数。

同理，如图 8.3 所示，第 3 层的输出是根据第 2 层的输出进行计算的。以第 3 层的第 k 个单元为例，它的输出为

$$o_k^{\{2\}} = g\left(p_k^{\{2\}}\right) = g\left(b_k^{\{2\}} + \sum_{i=1}^{s} o_i^{\{1\}} w_{k,i}^{\{2\}}\right) \tag{8.3}$$

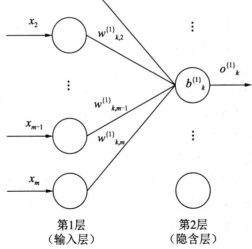

图 8.3　第 2 层网络的第 k 个单元的计算过程

如图 8.4 所示，第 4 层、第 5 层直至最后一层（输出层）也是采用同样的方式计算。以此类推，最后一层的输出则作为整个多层神经网络模型的输出。由此可见，只要确定了多层神经网络模型中的所有权值和偏置值，就能够根据输入来计算模型的输出，而整个从输入到输出的计算过程称为前馈运算。

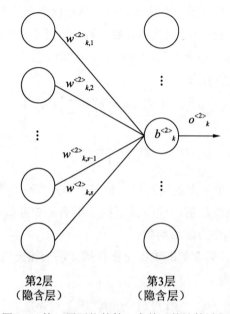

第2层　　　　　　　　　第3层
（隐含层）　　　　　　（隐含层）

图 8.4　第 3 层网络的第 k 个单元的计算过程

8.1.3　反向传播

经过上一节的讲解，我们已经掌握了多层神经网络模型的前馈运算过程，但遗留了一个关键的问题，即多层神经网络模型中的参数是如何优化和确定的呢？回顾第 5 章的内容，知道模型参数的优化可以采用最速下降法实现。因此思路也就明确了，首先对模型的参数进行初始化，赋予随机值，然后利用最速下降的方法对参数进行优化。

当然，我们可以直接采用第 5 章的最速下降优化器来实现参数优化。但正如在上一节中所描述的一样，多层神经网络模型的前馈运算过程非常复杂，参数的个数也非常多，这样的实现方式可能导致效率会比较低。

事实上，学者们已经总结了一套专门针对多层神经网络模型基于最速下降法的参数化方法，这个方法称作"反向传播算法"。根据最速下降法的原理，假设要迭代更新第 i 层网络中的第 k 个单元与第 i-1 层的第 j 个单元之间的连接权值，以及第 i 层的第 k 个单元的偏置值，那么可以通过下式实现。

$$w_{k,j}^{\{i\}} := w_{k,j}^{\{i\}} - \lambda \frac{\partial L}{\partial w_{k,j}^{\{i\}}} \tag{8.4}$$

$$b_k^{\{i\}} := b_k^{\{i\}} - \lambda \frac{\partial L}{\partial b_k^{\{i\}}} \tag{8.5}$$

其中，λ 是学习速率，L 是损失函数。

$$L = \frac{1}{N} \sum_{r=1}^{N} (Y^{<r>} - F(\boldsymbol{X}^{<r>}))^2 \tag{8.6}$$

这里的函数 F 表示多层神经网络模型对输入 $\boldsymbol{X}$ 的前馈运算。现在唯一需要求解的是 $\dfrac{\partial L}{\partial w_{k,j}^{\{i\}}}$ 和 $\dfrac{\partial L}{\partial b_k^{\{i\}}}$，根据链式法则，有

$$\frac{\partial L}{\partial w_{k,j}^{\{i\}}} = \frac{\partial L}{\partial p_k^{\{i\}}} \frac{\partial p_k^{\{i\}}}{\partial w_{k,j}^{\{i\}}} = \frac{\partial L}{\partial p_k^{\{i\}}} \frac{\partial \left(b_k^{\{i\}} + \sum_{t=1}^{m} o_t^{\{i-1\}} w_{k,t}^{\{i\}} \right)}{\partial w_{k,j}^{\{i\}}} = \frac{\partial L}{\partial p_k^{\{i\}}} o_j^{\{i-1\}} \tag{8.7}$$

$$\frac{\partial L}{\partial b_k^{\{i\}}} = \frac{\partial L}{\partial p_k^{\{i\}}} \frac{\partial p_k^{\{i\}}}{\partial b_k^{\{i\}}} = \frac{\partial L}{\partial p_k^{\{i\}}} \frac{\partial \left(b_k^{\{i\}} + \sum_{t=1}^{m} o_t^{\{i-1\}} w_{k,t}^{\{i\}} \right)}{\partial b_k^{\{i\}}} = \frac{\partial L}{\partial p_k^{\{i\}}} \tag{8.8}$$

设敏感度为

$$s_k^{\{i\}} = \frac{\partial L}{\partial p_k^{\{i\}}} \tag{8.9}$$

则有：

$$w_{k,j}^{\{i\}} := w_{k,j}^{\{i\}} - \lambda s_k^{\{i\}} o_j^{\{i-1\}} \tag{8.10}$$

$$b_k^{\{i\}} := b_k^{\{i\}} - \lambda s_k^{\{i\}} \tag{8.11}$$

如果用矩阵表示，则有

$$\boldsymbol{W}^{\{i\}} := \boldsymbol{W}^{\{i\}} - \lambda \boldsymbol{S}^{\{i\}} (\boldsymbol{O}^{\{i-1\}})^{\mathrm{T}} \tag{8.12}$$

$$\boldsymbol{b}^{\{i\}} := \boldsymbol{b}^{\{i\}} - \lambda \boldsymbol{S}^{\{i\}} \tag{8.13}$$

其中，$\boldsymbol{S}^{\{i\}}$ 为

$$\boldsymbol{S}^{\{i\}} = \frac{\partial L}{\partial \boldsymbol{p}^{\{i\}}} = \begin{bmatrix} \dfrac{\partial L}{\partial p_1^{\{i\}}} \\[2mm] \dfrac{\partial L}{\partial p_2^{\{i\}}} \\[2mm] \vdots \\[2mm] \dfrac{\partial L}{\partial p_{P^{\{i\}}}^{\{i\}}} \end{bmatrix} \tag{8.14}$$

这里的 $P^{\{i\}}$ 表示第 i 层的单元个数。为了求解 $\mathbf{S}^{\{i\}}$，先引入雅可比矩阵：

$$\frac{\partial \mathbf{p}^{\{i\}}}{\partial \mathbf{p}^{\{i-1\}}} = \begin{bmatrix} \dfrac{\partial p_1^{\{i\}}}{\partial p_1^{\{i-1\}}} & \dfrac{\partial p_1^{\{i\}}}{\partial p_2^{\{i-1\}}} & \cdots & \dfrac{\partial p_1^{\{i\}}}{\partial p_{p^{\{i-1\}}}^{\{i-1\}}} \\[3mm] \dfrac{\partial p_2^{\{i\}}}{\partial p_1^{\{i-1\}}} & \dfrac{\partial p_2^{\{i\}}}{\partial p_2^{\{i-1\}}} & \cdots & \dfrac{\partial p_2^{\{i\}}}{\partial p_{p^{\{i-1\}}}^{\{i-1\}}} \\[3mm] \vdots & \vdots & & \vdots \\[3mm] \dfrac{\partial p_{p^{\{i\}}}^{\{i\}}}{\partial p_1^{\{i-1\}}} & \dfrac{\partial p_{p^{\{i\}}}^{\{i\}}}{\partial p_2^{\{i-1\}}} & \cdots & \dfrac{\partial p_{p^{\{i\}}}^{\{i\}}}{\partial p_{p^{\{i-1\}}}^{\{i-1\}}} \end{bmatrix} \tag{8.15}$$

对于矩阵中的元素 $\dfrac{\partial p_k^{\{i\}}}{\partial p_t^{\{i-1\}}}$，有

$$\frac{\partial p_k^{\{i\}}}{\partial p_t^{\{i-1\}}} = \frac{\partial \left(b_k^{\{i\}} + \displaystyle\sum_{l=1}^{p^{\{i\}}} o_l^{\{i-1\}} w_{k,l}^{\{i\}} \right)}{\partial p_t^{\{i-1\}}} = w_{k,l}^{\{i\}} \frac{\partial o_k^{\{i-1\}}}{\partial p_t^{\{i-1\}}} = w_{k,l}^{\{i\}} \frac{\partial g(p^{\{i-1\}})}{\partial p_t^{\{i-1\}}} = w_{k,l}^{\{i\}} h(p_t^{\{i-1\}}) \tag{8.16}$$

其中：

$$h(p_t^{\{i-1\}}) = \frac{\partial g(p_t^{\{i-1\}})}{\partial p_t^{\{i-1\}}} \tag{8.17}$$

更进一步地，式（8.15）可以写成：

$$\frac{\partial \mathbf{p}^{\{i\}}}{\partial \mathbf{p}^{\{i-1\}}} = \mathbf{W}^{\{i\}} \mathbf{H}(\mathbf{p}^{\{i-1\}}) \tag{8.18}$$

这里：

$$\mathbf{H}(\mathbf{p}^{\{i\}}) = \begin{bmatrix} h(p_1^{\{i\}}) & 0 & \cdots & 0 \\ 0 & h(p_2^{\{i\}}) & \cdots & 0 \\ \vdots & \vdots & & \vdots \\ 0 & 0 & \cdots & h(p_{p^{\{i\}}}^{\{i\}}) \end{bmatrix} \tag{8.19}$$

此时，可以得到 $\mathbf{S}^{\{i-1\}}$ 的递推关系式：

$$\mathbf{S}^{\{i-1\}} = \frac{\partial L}{\partial \mathbf{p}^{\{i-1\}}} = \left(\frac{\partial \mathbf{p}^{\{i\}}}{\partial \mathbf{p}^{\{i-1\}}} \right)^{\mathrm{T}} \frac{\partial L}{\mathbf{p}^{\{i\}}} = \mathbf{H}(\mathbf{p}^{\{i-1\}})(\mathbf{W}^{\{i\}})^{\mathrm{T}} \frac{\partial L}{\partial \mathbf{p}^{\{i\}}} = \mathbf{H}(\mathbf{p}^{\{i-1\}})(\mathbf{W}^{\{i\}})^{\mathrm{T}} \mathbf{S}^{\{i\}} \tag{8.20}$$

现在，只要得到神经网络最后一层的敏感度，就可以根据式(8.20)求解出其他层的敏感度。设最后一层的敏感度为 $\mathbf{S}^{\{\text{last}\}}$，则有

$$s_i^{\{last\}} = \frac{\partial L}{\partial p_i^{\{last\}}} = \frac{\sum_{j=1}^{p^{\{last\}}} (y_j^{<r>} - o_j^{<r>})^2}{\partial p_i^{\{last\}}}$$

$$= -2(y_j^{<r>} - o_j^{<r>}) \frac{\partial o_j^{<r>}}{\partial p_i^{\{last\}}} \qquad (8.21)$$

$$= -2(y_j^{<r>} - o_j^{<r>}) h(p_i^{\{last\}})$$

其中，$\boldsymbol{Y}^{<r>} = \left[y_1^{<r>}, y_2^{<r>}, \cdots, y_{p^{\{last\}}}^{<r>} \right]$，$F(\boldsymbol{X}^{<r>}) = \boldsymbol{O}^{<r>} = \left[o_1^{<r>}, o_2^{<r>}, \cdots, o_{p^{\{last\}}}^{<r>} \right]$。更进一步，

用矩阵可表示为：

$$\boldsymbol{S}^{\{last\}} = -2H(\boldsymbol{p}^{\{last\}})(\boldsymbol{Y}^{<r>} - \boldsymbol{O}^{<r>}) \qquad (8.22)$$

至此，我们得到了求解式(8.4)和式(8.5)的方法，进而能够迭代优化神经网络的参数 $\boldsymbol{W}^{\{1\}}, \boldsymbol{W}^{\{2\}}, \cdots, \boldsymbol{W}^{\{last\}}$ 和 $\boldsymbol{b}^{\{1\}}, \boldsymbol{b}^{\{2\}}, \cdots, \boldsymbol{b}^{\{last\}}$，由于敏感度的求解过程需要先从最后一层开始求解 $\boldsymbol{S}^{\{last\}}$，不断反向求解 $\boldsymbol{S}^{\{last-1\}}, \boldsymbol{S}^{\{last-2\}}, \cdots \boldsymbol{S}^{\{1\}}$，因此该方法被称为"反向传播算法"。

8.2　多层神经网络模型的实现

上一节介绍了多层神经网络的理论知识，下面我们通过编码实现多层神经网络模型。

1. Java实现

代码 8.1 给出了多层神经网络模型的 Java 实现类 NeuralNetworkModel。

代码 8.1　NeuralNetworkModel.java

```java
1   public class NeuralNetworkModel {
2       private Matrix[] weights;          // 权值数组，代表每层的权值
3       private Matrix[] biases;           // 偏置值数组，代表每层的偏置值
4       private Matrix[] outputMat;        // 网络输出数组，代表每层的输出结果
        // 学习率，默认为 0.1
5       private BigDecimal lambda = new BigDecimal(0.1);
6       private int epochNum = 100000;     // 迭代次数，默认为 100000
        // 随机系数
7       private final BigDecimal RANDOM_COEFFIENCE = new BigDecimal(1.0);
        // 激活函数类型
8       ActivationFunction activationFunction = ActivationFunction.SIGMOID;
9
        // 构造神经网络模型
10      public NeuralNetworkModel(int... numOfEachLayer) {
11          biases = new Matrix[numOfEachLayer.length - 1];
```

```
12          for (int i = 0; i < biases.length; i++) {
13              biases[i] = new Matrix(numOfEachLayer[i + 1], 1);
14          }
15          weights = new Matrix[numOfEachLayer.length - 1];
16          for (int i = 0; i < weights.length; i++) {
17              weights[i] = new Matrix(numOfEachLayer[i + 1], numOfEach
                Layer[i]);
18          }
19          outputMat = new Matrix[numOfEachLayer.length];
20          for (int i = 0; i < outputMat.length; i++) {
21              outputMat[i] = new Matrix(numOfEachLayer[i], 1);
22          }
23          init();
24      }
25
26      private void init() {                          // 初始化网络模型
27          initWeights();
28          initBiases();
29      }
30
31      private void initWeights() {                   // 初始化权值
32          Random random = new Random();
33          for (int i = 0; i < weights.length; i++) {
34              for (int j = 0; j < weights[i].getRowNum(); j++) {
35                  for (int k = 0; k < weights[i].getColNum(); k++) {
36                      weights[i].setValue(j, k, RANDOM_COEFFIENCE.multiply(
37                          new BigDecimal(random.nextDouble())));
38                  }
39              }
40          }
41      }
42
43      private void initBiases() {                    // 初始化偏置值
44          Random random = new Random();
45          for (int i = 0; i < biases.length; i++) {
46              for (int j = 0; j < biases[i].getRowNum(); j++) {
47                  biases[i].setValue(j, 0, RANDOM_COEFFIENCE.multiply(
48                      new BigDecimal(random.nextDouble())));
49              }
50          }
51      }
52
        // 用于训练神经网络模型的参数
53      public void train(Matrix[] input, Matrix[] label) {
54          for (int i = 0; i < epochNum; i++) {
55              BigDecimal avgMse = new BigDecimal(0.0);
56              for (int sampleNo = 0; sampleNo < input.length; sampleNo++) {
57                  Matrix[] sensitivity = estSensitivity(input, label,
                    sampleNo);                         // 计算敏感度
58                  updateWeights(sensitivity);         // 更新权值
59                  updateBiases(sensitivity);          // 更新偏置值
60                  avgMse = avgMse.add(calcMse(input, label));
61              }
```

```
62              avgMse = new BigDecimal(avgMse.doubleValue() / input.length);
63              System.out.println(String.format("Epoch #%d/%d, MSE: %.5f", i+1,
64                  epochNum, avgMse.doubleValue()));
65          }
66      }
67
        // 计算均方误差，对应式（8.6）
68      private BigDecimal calcMse(Matrix[] input, Matrix[] label) {
69          BigDecimal sum = new BigDecimal(0.0);
70          for (int i = 0; i < input.length; i++) {
71              Matrix res = forward(input[i]);
72              for (int j = 0; j < label[i].getRowNum(); j++) {
73                  sum = sum.add((res.getValue(j, 0).subtract(label[i].
                        getValue(j, 0))).pow(2));
74              }
75          }
76          double mse = sum.doubleValue() / label.length;
77          return new BigDecimal(mse);
78      }
79
        // 更新权值，对应式（8.4）
80      private void updateWeights(Matrix[] sensitivity) {
81          for (int layer = 0; layer < weights.length; layer++) {
82              for (int i = 0; i < weights[layer].getRowNum(); i++) {
83                  for (int j = 0; j < weights[layer].getColNum(); j++) {
84                      weights[layer].setValue(i, j, weights[layer].getValue
                            (i, j).subtract(
85                          lambda.multiply(sensitivity[layer].getValue(i, 0).
                                multiply(
86                              outputMat[layer].getValue(j, 0)))));
87                  }
88              }
89          }
90      }
91
        // 更新偏置值，对应式（8.5）
92      private void updateBiases(Matrix[] sensitivity) {
93          for (int layer = 0; layer < biases.length; layer++) {
94              biases[layer] = AlgebraUtil.subtract(biases[layer], AlgebraUtil.
                    dot(
95                  sensitivity[layer], lambda));
96          }
97      }
98
99      private Matrix[] estSensitivity(Matrix[] input, Matrix[] label,
100     int sampleNo) {                        //反向传播计算敏感度
101         Matrix[] sensitivity = new Matrix[biases.length];
102         for (int i = 0; i < biases.length; i++) {
103             sensitivity[i] = new Matrix(biases[i].getRowNum(), 1);
104         }
105         Matrix output = forward(input[sampleNo]);
106         sensitivity[sensitivity.length - 1] = AlgebraUtil.dot
                (AlgebraUtil.dot(
107 derivativeOfActFun(output),
```

```
108            AlgebraUtil.subtract(label[sampleNo], output)), new BigDecimal
               (-2));
109        for (int layer = sensitivity.length - 2; layer >= 0; layer--) {
110            for (int i = 0; i < sensitivity[layer].getRowNum(); i++) {
111                sensitivity[layer].setValue(i, 0, derivativeOfActFun
                   (outputMat[layer + 1].getValue(
112                i, 0)).multiply(AlgebraUtil.inner(AlgebraUtil.getColumn
                   Vector(weights[layer + 1], i),
113                sensitivity[layer + 1])));
114            }
115        }
116        return sensitivity;
117    }
118
119    public Matrix forward(Matrix input) {    // 多层神经网络的前馈运算
120        outputMat[0] = AlgebraUtil.copy(input);
121        for (int i = 0; i < weights.length; i++) {
122            outputMat[i + 1] = activationFunction(AlgebraUtil.add
                   (AlgebraUtil.multiply(
123                weights[i], outputMat[i]), biases[i]));
124        }
125        return AlgebraUtil.copy(outputMat[outputMat.length - 1]);
126    }
127
       // 激活函数（以矩阵为单位）
128    private Matrix activationFunction(Matrix mat) {
129        Matrix newMat = new Matrix(mat.getRowNum(), mat.getColNum());
130        for (int i = 0; i < mat.getRowNum(); i++) {
131            for (int j = 0; j < mat.getColNum(); j++) {
132                newMat.setValue(i, j, activationFunction(mat.getValue
                   (i, j)));
133            }
134        }
135        return newMat;
136    }
137
       // 激活函数（针对单个值）
138    private BigDecimal activationFunction(BigDecimal x) {
139        switch (activationFunction){
140            case SIGMOID: return new BigDecimal(1 / (1 + Math.exp(x.negate().
                   doubleValue())));
141            case LINEAR: return x;
142            default: return x;
143        }
144    }
145
       // 激活函数的偏导数（以矩阵为单位）
146    private Matrix derivativeOfActFun(Matrix output) {
147        Matrix activeOutput = new Matrix(output.getRowNum(), output.get
                   ColNum());
148        for (int i = 0; i < output.getRowNum(); i++) {
149            for (int j = 0; j < output.getColNum(); j++) {
150                activeOutput.setValue(i, j, derivativeOfActFun(output.
                   getValue(i, j)));
```

```
151              }
152          }
153          return activeOutput;
154      }
155

        // 激活函数的偏导数（针对单个值）
156      private BigDecimal derivativeOfActFun(BigDecimal output){
157          switch (activationFunction){
158              case SIGMOID: return output.multiply(new BigDecimal(1).
                 subtract(output));
159              case LINEAR: return new BigDecimal(1.0);
160              default: return new BigDecimal(1.0);
161          }
162      }
163

164      public enum ActivationFunction {          // 激活函数的类型
165          SIGMOID, LINEAR;
166      }
167      // 这里省略了 getter 和 setter 方法
168  }
```

2. Python实现

代码 8.2 给出了多层神经网络模型的 Python 实现类 neural_network_model.py。

代码 8.2　neural_network_model.py

```
1    import NumPy as np
2
3    class NeuralNetworkModel():
4        biases = []                            # 权值数组，代表每层的权值
5        weights = []                           # 偏置值数组，代表每层的偏置值
6        output_mat = []                        # 网络输出数组，代表每层的输出结果
7
8        def __init__(self, num_of_each_layer): #构造多层神经网络模型
9            self.epoch_num = 100000
10           self.activation_function_type = "sigmoid"
11           self.learning_rate = 0.1
12           for i in range(len(num_of_each_layer) - 1):
13               self.biases.append(np.random.rand(num_of_each_layer[i+1], 1))
14               self.weights.append(np.random.rand(num_of_each_layer[i+1],
                 num_of_each_layer[i]))
15           for i in range(len(num_of_each_layer)):
16               self.output_mat.append(np.random.rand(num_of_each_layer[i], 1))
17
18       def train(self, input, label):              # 训练多层神经网络的参数
19           for i in range(self.epoch_num):
20               avg_mse = 0.0
21               for sample_no in range(len(input)):
                     # 计算敏感度
22                   sensitivity = self.est_sensitivity(input, label, sample_no)
23                   self.update_weights(sensitivity)        # 迭代更新权值
24                   self.update_biases(sensitivity)         # 迭代更新偏置值
25                   avg_mse = avg_mse + self.calc_mse(input, label)
```

```
26              avg_mse = avg_mse / len(input)
27              print("Epoch %d/%d, MSE: %.5f" %(i+1, self.epoch_num, avg_mse))
28
29      def activation_function_for_mat(self, mat): #激活函数（以矩阵为单位）
30          new_mat = np.random.rand(mat.shape[0], mat.shape[1])
31          for i in range(mat.shape[0]):
32              for j in range(mat.shape[1]):
33                  new_mat[i][j] = self.activation_function(mat[i][j])
34          return new_mat
35
36      def activation_function(self, x):                #激活函数（针对单个值）
37          if self.activation_function_type == "sigmoid":
38              return 1 / (1 + np.exp(-x))
39          else:
40              return x
41
42      def forward(self, input):                    # 多层神经网络的前馈运算
43          self.output_mat[0] = np.copy(input)
44          for i in range(len(self.weights)):
45              self.output_mat[i+1] = self.activation_function_for_mat
                (np.add(np.dot(
46                  self.weights[i], self.output_mat[i]), self.biases[i]))
47          return np.copy(self.output_mat[len(self.output_mat)-1])
48
49      def update_biases(self, sensitiviate): // 更新偏置值，对应式（8.5）
50          for layer in range(len(self.biases)):
51              self.biases[layer] = np.subtract(self.biases[layer], np.multiply(
52                  sensitiviate[layer], self.learning_rate))
53
54      def update_weights(self, sensitiviate): // 更新权值，对应式（8.4）
55          for layer in range(len(self.weights)):
56              for i in range(self.weights[layer].shape[0]):
57                  for j in range(self.weights[layer].shape[1]):
58                      self.weights[layer][i][j] = self.weights[layer][i]
                        [j] - self.learning_rate *
59                          sensitiviate[layer][i][0] * self.output_mat[layer]
                            [j][0]
60
        #激活函数的偏导数（以矩阵为单位）
61      def derivative_of_act_fun_for_mat(self, output):
62          active_output = np.random.rand(output.shape[0], output.shape[1])
63          for i in range(output.shape[0]):
64              for j in range(output.shape[1]):
65                  active_output[i][j] = self.derivative_of_act_fun(output[i][j])
66          return active_output
67
        #激活函数的偏导数（针对单个值）
68      def derivative_of_act_fun(self, output):
69          if self.activation_function_type == "sigmoid":
70              return output * (1 - output)
71          else:
```

```
72              return 1.0
73
      #反向传播计算的敏感度
74      def est_sensitivity(self, input, label, sample_no):
75          sensitivity = []
76          for i in range(len(self.biases)):
77              sensitivity.append(np.zeros((self.biases[i].shape[0], 1)))
78          output = self.forward(input[sample_no])
79          sensitivity[len(sensitivity)-1] = np.multiply(np.multiply(
80              self.derivative_of_act_fun_for_mat(output), np.subtract
                (label[sample_no], output)), -2)
81          for layer in range(len(sensitivity)-2, -1, -1):
82              for i in range(sensitivity[layer].shape[0]):
83                  sensitivity[layer][i][0] = self.derivative_of_act_fun
                    (self.output_mat[layer+1][i][0]) *
84                      np.inner(self.weights[layer+1][:, i], sensitivity
                        [layer+1])
85          return sensitivity
86
87      def calc_mse(self, input, label):          #计算均方误差, 对应式 (8.6)
88          sum = 0.0
89          for i in range(len(input)):
90              res = self.forward(input[i])
91              for j in range(label[i].shape[0]):
92                  sum = sum + np.power(res[j][0] - label[i][j][0], 2)
93          mse = sum / len(label)
94          return mse
```

NeuralNetworkModel 类中包含了以下若干个成员变量。

- 偏置值数组 biases：用于表示每层网络的偏置值。
- 权值数组 weights：用于表示每层网络的权值。
- 网络输出数组 outputMat(output_mat)：用于表示每层网络的输出。
- 学习率 lambda(learning_rate)：用于指定训练网络时的学习速率。
- 迭代次数 epochNum(epoch_num)：用于指定训练网络时的迭代次数。
- 激活函数类型 activationFunction(activation_function_type)：表示网络所使用的激活函数，默认采用 sigmoid 函数。

NeuralNetworkModel 类在构造实例时首先初始化偏置值数组 biases、权值数组 weights 和网络输出数组 outputMat（output_mat）。forward 方法用于实现网络的前馈运算。train 方法用于训练网络的权值和偏置值参数，其中会迭代更新 epochNum（epoch_num）次，而在每次的迭代中，会首先调用 estSensitivity（est_sensitivity）方法计算敏感度，然后利用计算得出的敏感度分别调用 updateWeights（update_weights）和 updateBiases（update_biases）方法更新权值和偏置值，最后计算并输出均方误差。

updateWeights（update_weights）和 updateBiases（update_biases）方法分别对应式（8.4）和式（8.5）。estSensitivity（est_sensitivity）方法通过反向传播算法来计算敏感度，整个计算过程与 8.1.3 节所述的过程相一致。

8.3　多层神经网络模型示例

本节将编写本章所介绍的多层神经网络模型示例，通过该例子可以更清晰地说明多层神经网络模型的应用。

下面使用多层神经网络模型来训练一个异或运算器。异或运算器所实现的功能是根据输入的 2 位二进制数，输出对应的异或结果。总共有 4 种情况：输入 00、01、10 和 11 时，输出分别为 0、1、1 和 0。读者可能会觉得奇怪，如果只有 4 种情况，完全可以使用 if 和 else 的判断逻辑来处理，而其实这里我们把它当作了一个回归问题来处理，这是一个典型的非线性回归问题，可以通过图 8.5 来说明这一点。

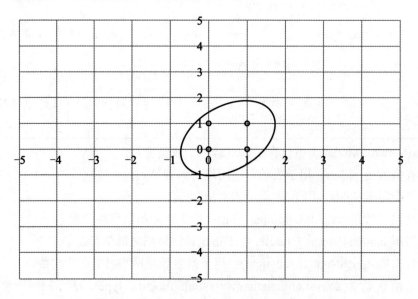

图 8.5　异或运算器问题为线性不可解问题

如图 8.5 所示，在平面内无法找到一条合适的直线进行正确划分，只能使用曲线来进行划分，因此这个看起来简单的异或运算器问题实质上是一个非线性回归问题，可以作为多层神经网络模型的示例。

1. Java实现

代码 8.3 给出了采用多层神经网络模型实现异或运算器的示例。

代码 8.3　NeuralNetworkModelTest.java

```
1    public class NeuralNetworkModelTest {
2        @Test
```

```
3       public void testNeuralNetwork(){
4           // 构造样本，这里的 input 是一个 Matrix 数组，每个元素代表一个样本
5           // 分别有 00、01、10、11 四个样本
6           Matrix[] input = new Matrix[4];
7           input[0] = new Matrix(2, 1);
8           input[1] = new Matrix(2, 1);
9           input[2] = new Matrix(2, 1);
10          input[3] = new Matrix(2, 1);
11          input[0].setValue(0, 0, 0);
12          input[0].setValue(1, 0, 0);
13          input[1].setValue(0, 0, 0);
14          input[1].setValue(1, 0, 1);
15          input[2].setValue(0, 0, 1);
16          input[2].setValue(1, 0, 0);
17          input[3].setValue(0, 0, 1);
18          input[3].setValue(1, 0, 1);
19          // 构造样本对应的标签，label 是一个 Matrix 数组，数组的每个元素都是一个标签
20          // 这里的标签分别是 0、1、1、0，对应样本 00、01、10、11 的标准输出
21          Matrix[] label = new Matrix[4];
22          label[0] = new Matrix(1, 1);
23          label[1] = new Matrix(1, 1);
24          label[2] = new Matrix(1, 1);
25          label[3] = new Matrix(1, 1);
26          label[0].setValue(0, 0, 0);
27          label[1].setValue(0, 0, 1);
28          label[2].setValue(0, 0, 1);
29          label[3].setValue(0, 0, 0);
30          // 构建神经网络，并利用 input 和 label 对网络进行训练
31          NeuralNetworkModel network = new NeuralNetworkModel(2, 3, 1);
32          network.setActivationFunction(NeuralNetworkModel.Activation
            Function.SIGMOID);
33          network.train(input, label);
34          // 用训练完的神经网络对 input 进行前馈计算，得出结果后打印出来
35          Matrix res1 = network.forward(input[0]);
36          Matrix res2 = network.forward(input[1]);
37          Matrix res3 = network.forward(input[2]);
38          Matrix res4 = network.forward(input[3]);
39          System.out.println(res1);
40          System.out.println(res2);
41          System.out.println(res3);
42          System.out.println(res4);
43      }
44  }
```

2. Python实现

代码 8.4 给出了采用多层神经网络模型实现异或运算器的示例。

代码 8.4 neural_network_model_test.py

```
1   import numpy as np
2   import py.algorithm.neural_network_model as nn
3
4   def test_neural_network_model():
5       # 构造训练样本 input，这里分别表示 00、01、10、11 四个样本
```

```
6        input = []
7        input.append(np.zeros((2, 1)))
8        input.append(np.zeros((2, 1)))
9        input.append(np.zeros((2, 1)))
10       input.append(np.zeros((2, 1)))
11       input[0][0][0] = 0
12       input[0][1][0] = 0
13       input[1][0][0] = 0
14       input[1][1][0] = 1
15       input[2][0][0] = 1
16       input[2][1][0] = 0
17       input[3][0][0] = 1
18       input[3][1][0] = 1
19       # 构造样本标签 label，这里分别表示 0、1、1、0，对应着样本 00、01、10、11 的
           标准输出
20       label = []
21       label.append(np.zeros((1, 1)))
22       label.append(np.zeros((1, 1)))
23       label.append(np.zeros((1, 1)))
24       label.append(np.zeros((1, 1)))
25       label[0][0][0] = 0
26       label[1][0][0] = 1
27       label[2][0][0] = 1
28       label[3][0][0] = 0
29       # 构建神经网络，并利用 input 和 label 对网络进行训练
30       neural_network_model = nn.NeuralNetworkModel(np.array([2, 3, 1]))
31       neural_network_model.train(input, label)
32       # 用训练完的神经网络对 input 进行前馈计算，得出结果后打印出来
33       res1 = neural_network_model.forward(input[0])
34       res2 = neural_network_model.forward(input[1])
35       res3 = neural_network_model.forward(input[2])
36       res4 = neural_network_model.forward(input[3])
37       print(res1)
38       print(res2)
39       print(res3)
40       print(res4)
41
42   if __name__ == "__main__":
43       test_neural_network_model()
```

示例的代码逻辑十分简明清晰：首先构造输入 input 和训练标签 label；然后创建多层神经网络模型 NeuralNetworkModel 的实例 network，这里的网络结构是 3 层，第 1、2、3 层的节点数分别是 2、3、1；接下来设定默认的激活函数为 sigmoid，并调用 network 的 train 方法开始对模型进行训练；训练完毕后，开始调用 forward 方法对输入 input 进行检验，得到输出如下：

```
[[0.99986655]]
[[0.99459228]]
[[0.99480749]]
[[0.00779248]]
```

从输出结果中可以看出，当输入为 00、11 时，输出结果接近于 0，而当输入结果为

01、10 时，输出结果接近于 1，因此输出结果符合我们的预期。

8.4　习　　题

通过下面的习题来检验本章的学习效果。

1．尝试调整学习率，执行示例程序并观察结果的差异。

2．尝试调整迭代次数，执行示例程序并观察结果的差异。

3．尝试调整网络的层数及每层网络的单元数，执行示例程序并观察结果的差异。

4．参考 8.3 节中的异或运算器示例，尝试使用 8.2 节中的多层神经网络模型，分别编写"训练与运算器"及"训练或运算器"示例。

第 9 章　聚类模型

通过第 7、8 章的学习，我们已经对分类和回归这类有监督学习问题有所了解。接下来将介绍另一类问题，即无监督学习问题。本章要介绍的是其中最为典型的聚类问题，将分别介绍两种聚类模型，即 K-means 模型和 GMM（高斯混合模型），并且在示例中对其进行对比。

本章主要涉及以下知识点：

- 聚类的概念；
- K-means 模型的概念及其具体实现；
- GMM 的概念及其具体实现；
- 聚类模型的应用，即通过具体示例，演示如何使用 K-means 模型和 GMM 来对数据进行聚类。

9.1　K-means 模型

通过前面章节的学习，我们了解了分类和回归问题，其主要目的在于根据已有的数据，来对未来或未知数据进行一定的预测和判断。而我们往往还需要解决另一种问题：在已有的数据中进行分析，得到一定的结论。聚类问题便是这一类问题的典型代表，该问题要求对已有的数据进行划分，分成若干个不同的类别。

在现实生活中，聚类问题的应用十分常见。例如，商家要对购买商品的客户人群进行划分，以便更好地定向销售，提高销售额；医学研究中对某种疾病的潜在致病因素进行聚类，以进一步研究致病机理；生物学家对动植物基因进行分类，以获取对种群固有的认识等。

9.1.1　K-means 聚类模型概述

要解决这样一类问题，暂且先思考一下我们在认识事物时是如何对其进行分类的。举例来说，假设在一个花园里，想要对里面种植的花卉进行分类，在事先不知道各种花卉的特征及其名称的前提下，要对一类花卉进行区别，就必须要寻找某种区分的标准，而标准往往是一类事物所固有的特征，比如会联想到花瓣的颜色和花瓣的形状等。

然后我们会根据花瓣的颜色和形状来确定大概有多少种类型的花，这时心中便有了一个初步的标准，在花园里任意地指定一朵花，都会根据这个标准来判断它有可能属于哪一种类型的花（颜色和形状与某一种类型更为接近）。由此可见，这便是我们探索事物本质的方法。K-means 模型的构建过程其实与之类似，只是通过规则的方式形式化地将这个过程固化下来。

如图 9.1 所示，假设存在一个数据集 $X=\{X^{<1>},X^{<2>},\cdots,X^{<n>}\}$，而 $X^{<i>}$ 是数据集的第 i 个数据，包含 m 个特征 $X^{<i>}=\left[x_1^{<i>},\cdots,x_m^{<i>}\right]$，现在要对 X 进行聚类，最终划分为 k 个不同的类别，使得最终形成 k 个集合，即 $X_1,X_2,\cdots,X_k$。K-means 模型首先从 X 中随机选出 k 个数据 $U_1,U_2,\cdots,U_k$ 作为聚类中心，遍历 X 中的每一个数据 $X^{<i>}$，计算其与 $U_1,U_2,\cdots,U_k$ 的欧几里得距离（两个向量 V 和 U 的欧式距离为 $d=\|V-U\|_2$），将其归类到距离最小的一类中。

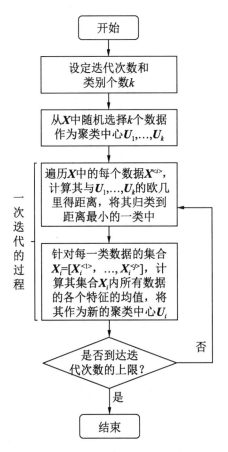

图 9.1　K-means 模型的迭代流程图

针对每一类数据的集合 $\boldsymbol{X}_i = \left[\boldsymbol{X}_i^{<1>}, \cdots, \boldsymbol{X}_i^{<j>} \right]$，计算其集合 $\boldsymbol{X}_i$ 内所有数据的各个特征的均值，将其作为新的聚类中心 $\boldsymbol{U}_i$：

$$\boldsymbol{U}_i = \left[\frac{1}{j}\sum_{s=1}^{j} x_{i1}^{<s>} \quad \frac{1}{j}\sum_{s=1}^{j} x_{i2}^{<s>} \quad \cdots \quad \frac{1}{j}\sum_{s=1}^{j} x_{im}^{<s>} \right] \tag{9.1}$$

$$\boldsymbol{X}_i^{<t>} = \left[x_{i1}^{<t>} \quad x_{i2}^{<t>} \quad \cdots \quad x_{im}^{<t>} \right] \tag{9.2}$$

其中，$x_{ih}^{<t>}$ 表示属于第 i 类的第 t 个数据的第 h 个特征的值。重复此过程，直到达到一定的次数。

9.1.2　K-means 模型的实现

1．Java实现

代码 9.1 给出了 K-means 模型的实现类 KMeansModel。

代码 9.1　KMeansModel.java

```
1   public class KMeansModel {
2       public Map<Integer, List<Integer>> cluster(Matrix featureMat, int
        k, int epochNum) {
3           // 步骤 1. 对输入的参数进行归一化处理
4           Matrix dataPoints = AlgebraUtil.normalize(featureMat, 0);
5           // 步骤 2. 初始化 k 个聚类中心
6           Matrix centralPoints = new Matrix(k, dataPoints.getColNum());
7           int[] indices = genDistinctRandomNum(dataPoints.getRowNum(), k);
8           for (int i = 0; i < indices.length; i++) {
9               for (int c = 0; c < dataPoints.getColNum(); c++) {
10                  BigDecimal value = new BigDecimal(dataPoints.getValue
                    (indices[i],c).doubleValue());
11                  centralPoints.setValue(i, c, value);
12              }
13          }
14          // 步骤 3. 迭代优化聚类中心
15          for (int i = 0; i < epochNum; i++) {
16              Matrix[] clusters = clusterWithCentralPoints(dataPoints,
                centralPoints);
17              centralPoints = updateCentralPoints(clusters);
18          }
19          Map<Integer, List<Integer>> clusterToDataPointIndices =
20              getClusterToDataPointIndices(dataPoints, centralPoints);
21          return clusterToDataPointIndices;
22      }
23
24      // getClusterToDataPointIndices 方法根据聚类中心对数据进行聚类，计算每一
        个数据与每个类别的欧几里得距离，然后将其归类到距离最小的类别中
```

```
25    public Map<Integer, List<Integer>> getClusterToDataPointIndices(
26        Matrix dataPoints,
27        Matrix centralPoints) {
28        Map<Integer, List<Integer>> clusterToDataPointIndices = new
          HashMap<>();
29        for (int r = 0; r < dataPoints.getRowNum(); r++) {
30            //对第 i 个数据点进行聚类
31            Matrix dataPoint = AlgebraUtil.getRow(dataPoints, r);
32            BigDecimal minDistance = new BigDecimal(Integer.MAX_VALUE);
33            int bestCluster = 0;
34            // 计算数据点到 k 个聚类中心的欧氏距离，将其归属到距离最小的一类中
35            for (int i = 0; i < centralPoints.getRowNum(); i++) {
36                Matrix ithClusterCentralPoint = AlgebraUtil.getRow
                  (centralPoints, i);
37                BigDecimal distance =
38                    AlgebraUtil.calcEuclideanDistance(dataPoint, ithCluster
                      CentralPoint);
39                if (distance.compareTo(minDistance) < 0) {
40                    minDistance = distance;
41                    bestCluster = i;
42                }
43            }
44            //记录第 i 个数据点的聚类结果
45            List<Integer> dataPointIndices = clusterToDataPointIndices.
              get(bestCluster);
46            if (null == dataPointIndices) {
47                dataPointIndices = new ArrayList<>();
48            }
49            dataPointIndices.add(r);
50            clusterToDataPointIndices.put(bestCluster, dataPointIndices);
51        }
52        return clusterToDataPointIndices;
53    }
54
55    // clusterWithCentralPoints 方法根据聚类中心对数据进行聚类
56    private Matrix[] clusterWithCentralPoints(Matrix dataPoints,
      Matrix centralPoints) {
57        Map<Integer, List<Integer>> clusterToDataPointIndices =
58            getClusterToDataPointIndices(dataPoints, centralPoints);
59        Matrix[] clusters = new Matrix[centralPoints.getRowNum()];
60        for (int i = 0; i < clusters.length; i++) {
61            List<Integer> ithClusterIndices = clusterToDataPointIndices.
              get(i);
62            Matrix ithCluster = new Matrix(ithClusterIndices.size(),
              dataPoints.getColNum());
63            // 计算每一个数据与每个类别的欧几里得距离，将其归类到距离最小的类别中
64            for (int j = 0; j < ithClusterIndices.size(); j++) {
65                int index = ithClusterIndices.get(j);
66                Matrix dataPoint = AlgebraUtil.getRow(dataPoints, index);
67                ithCluster = AlgebraUtil.setRowVector(ithCluster, j,
                  dataPoint);
68            }
69            clusters[i] = ithCluster;
70        }
```

```
71              return clusters;
72          }
73
74          // updateCentralPoints 方法用于更新聚类中心
75          private Matrix updateCentralPoints(Matrix[] clusters) {
76              Matrix centralPoints = new Matrix(clusters.length, clusters[0].
                getColNum());
77              for (int i = 0; i < clusters.length; i++) {
78                  Matrix ithCentralPoint = AlgebraUtil.mean(clusters[i], 0);
79                  centralPoints = AlgebraUtil.setRowVector(centralPoints, i,
                    ithCentralPoint);
80              }
81              return centralPoints;
82          }
83
84          // genDistinceRandomNum 方法用于生成一定个数的整型随机数
85          private int[] genDistinctRandomNum(int bound, int numCount) {
86              Random random = new Random();
87              Set<Integer> indices = new HashSet<>();
88              for (int i = 0; i < numCount; i++) {
89                  int index = random.nextInt(bound);
90                  if (indices.contains(index)) {
91                      i--;
92                      continue;
93                  }
94                  indices.add(index);
95              }
96              int[] randomNum = new int[numCount];
97              Iterator<Integer> it = indices.iterator();
98              int i = 0;
99              while (it.hasNext()) {
100                 randomNum[i] = it.next();
101                 i++;
102             }
103             return randomNum;
104         }
105 }
```

KMeansModel 类中包含了 5 个方法,分别是 cluster、getClusterToDataPointIndices、clusterWithCentralPoints、updateCentralPoints 和 genDistinctRandomNum。

genDistinceRandomNum 方法用于生成一定个数的整型随机数,该方法接受 2 个参数 bound 和 numCount,最终一个生成 numCount 个取值范围为[0, bound]的整型随机数,以数组 int[]的形式返回。

updateCentralPoints 方法用于更新聚类中心,该方法接受 1 个参数 Matrix[] clusters,是一个 Matrix 数组,数组的大小是类别的个数 k,数组的第 i 个元素是属于第 i 个类别的所有数据。

getClusterToDataPointIndices 方法根据聚类中心对数据进行聚类,计算每一个数据与每个类别的欧几里得距离,然后将其归类到距离最小的类别中。

clusterWithCentralPoints 方法根据聚类中心对数据进行聚类,计算每一个数据与每个类别的欧几里得距离，将其归类到距离最小的类别中。与 getClusterToDataPointIndices 方法不同的是，clusterWithCentralPoints 方法的返回类型是 Matrix[]，便于后续再次用于计算。

　　cluster 方法是聚类的主体方法，主要分为 4 步：①对数据进行归一化处理，保证其数值的取值范围为[0, 1]。②初始化聚类中心，调用了 genDistinctRandomNum 方法，随机选取 k 个数据作为聚类中心。③通过调用 clusterWithCentralPoints 方法进行迭代优化，更新聚类中心。④输出结果。

2. Python实现

代码 9.2 给出了 K-means 模型的实现 kmeans_model.py。

代码 9.2　kmeans_model.py

```
1    import NumPy as np
2
3    def cluster(x, k, epoch_num):
4        # 随机找出 k 个数据作为聚类中心
5        indices = np.random.randint(0, x.shape[0], k)
6        u = []
7        for i in indices:
8            u.append(x[i, :])
9        classes = []
10       for e in range(epoch_num):
11           # 计算每个数据与 k 个聚类中心的欧几里得距离，并将其归属到距离最小的类别中
12           classes.clear()
13           for i in range(x.shape[0]):
14               dist = []
15               for j in range(k):
16                   dist.append(np.linalg.norm(x[i, :] - u[j]))
17               for j in range(k):
18                   if (dist[j] == np.min(dist)):
19                       classes.append(j)
20                       break
21           # 更新 k 个聚类中心
22           for j in range(k):
23               xj = x[np.array(classes) == j, :]
24               u[j] = np.mean(xj, 0)
25       return u, classes
```

　　kmeans_model.py 只有一个 cluster 函数，接受 3 个参数，即 x、k 和 epoch_num，分别表示用于聚类的数据、类别个数和迭代次数。cluster 函数分 4 步实现：①随机找出 k 个数据作为聚类中心。②计算每个数据到 k 个聚类中心的欧几里得距离，并将其归属到距离最小的那个类别中。③更新 k 个聚类中心。④返回聚类中心以及每个类别所包含的数据。

9.1.3　示例：一个聚类的例子

　　在 K-means 模型实现的基础上，编写一个聚类示例，进一步加深对它的理解。假设有

如下所示的数据集：

```
七台河,3072.79,722.16
三亚,23623.36,7676.23
三明,9231.83,4598.12
三沙,36342.35,13226.78
...
黑河,-191.1,1661.78
齐齐哈尔,-729.87,462.85
龙岩,1010.27,392.99
```

该数据集表示某个产品在全国各地的销售情况，其包含 3 列，第 1 列是城市的名称，第 2 列是城市的利润，第 3 列是对应的销量。接下来要运用 K-means 模型对城市的情况进行聚类，分成若干个不同的类别。

1. Java实现

代码 9.3 给出一个使用 KMeansModel 进行聚类的示例 KMeansModelTest.java。

代码 9.3　KMeansModelTest.java

```java
1   public class KMeansModelTest {
2       @Test
3       public void testKMeansModel() throws Exception {
4           // 读取用于聚类的数据
5           String rootPath = KMeansModelTest.class.getClassLoader().
            getResource("").getPath();
6           String fileName = "cluster_test_data.csv";
7           Scanner scanner = new Scanner(new File(rootPath, fileName));
8           Matrix x = new Matrix(259, 2);
9           int i = 0;
10          while (scanner.hasNextLine()) {
11              String[] fields = scanner.nextLine().split(",");
12              double profit_amt = Double.parseDouble(fields[1]);
13              double price = Double.parseDouble(fields[2]);
14              x.setValue(i, 0, new BigDecimal(profit_amt));
15              x.setValue(i, 1, new BigDecimal(price));
16              i++;
17          }
18          // 创建 KMeansModel 对象，并调用其 cluster 对象进行聚类
19          KMeansModel kMeansModel = new KMeansModel();
20          Map<Integer, List<Integer>> clusterToDataPointIndices =
21              kMeansModel.cluster(x, 3, 100);
22          // 打印聚类结果
23          System.out.println(clusterToDataPointIndices);
24      }
25  }
```

KMeansModelTest 类的 testMeansModel()方法是具体的示例方法，该方法首先读取文件获取数据，将数据封装成 Matrix 类型，然后创建 KMeansModel 的实例 kMeansModel，最后调用 kMeansModel 的 cluster 方法，得到聚类结果并输出。输出结果如下：

{0=[3, 31, 32, 43, 63, 88, 99, 124, 197, 201, 217], 1=[1, 2, 5, 6, 10, 13, 14, 16, 22, 24, 28, 30, 36, 50, 56, 64, 67, 70, 81, 91, 98, 105, 112, 116, 118, 121, 123, 133, 134, 145, 148, 149, 153, 154, 155, 157, 163, 168, 173, 182, 190, 199, 205, 212, 214, 216, 227, 229, 232, 235, 241], 2=[0, 4, 7, 8, 9, 11, 12, 15, 17, 18, 19, 20, 21, 23, 25, 26, 27, 29, 33, 34, 35, 37, 38, 39, 40, 41, 42, 44, 45, 46, 47, 48, 49, 51, 52, 53, 54, 55, 57, 58, 59, 60, 61, 62, 65, 66, 68, 69, 71, 72, 73, 74, 75, 76, 77, 78, 79, 80, 82, 83, 84, 85, 86, 87, 89, 90, 92, 93, 94, 95, 96, 97, 100, 101, 102, 103, 104, 106, 107, 108, 109, 110, 111, 113, 114, 115, 117, 119, 120, 122, 125, 126, 127, 128, 129, 130, 131, 132, 135, 136, 137, 138, 139, 140, 141, 142, 143, 144, 146, 147, 150, 151, 152, 156, 158, 159, 160, 161, 162, 164, 165, 166, 167, 169, 170, 171, 172, 174, 175, 176, 177, 178, 179, 180, 181, 183, 184, 185, 186, 187, 188, 189, 191, 192, 193, 194, 195, 196, 198, 200, 202, 203, 204, 206, 207, 208, 209, 210, 211, 213, 215, 218, 219, 220, 221, 222, 223, 224, 225, 226, 228, 230, 231, 233, 234, 236, 237, 238, 239, 240, 242, 243, 244, 245, 246, 247, 248, 249, 250, 251, 252, 253, 254, 255, 256, 257, 258]}

2．Python实现

代码9.4给出了一个使用 kmeans_model.py 进行聚类的示例 kmeans_model_test.py。

代码9.4 kmeans_model_test.py

```
1   import os
2   import numpy as np
3   import py.kmeans_model
4
5   def test_kmeans_model():
6       # 读取用于聚类的数据
7       file_path = os.getcwd() + "cluster_test_data.csv"
8       x = np.loadtxt(file_path, delimiter=",",usecols=(1, 2), unpack=True)
9       x = np.transpose(x)
10      # 设置类别个数
11      k = 3
12      # 设置迭代次数
13      epoch_num = 100
14      # 调用 kmeans_model 的 cluster 函数进行聚类
15      u, classes = py.kmeans_model.cluster(x, k, epoch_num)
16      # 打印聚类中心和聚类结果
17      print(u)
18      print(classes)
19
20  if __name__ == "__main__":
21      test_kmeans_model()
```

kmeans_model_test.py 首先读取文件获取用于聚类的数据，然后设置类别个数 k=3 以及迭代次数 epoch_num=100，最后调用 kmeans_model 的 cluster 函数进行聚类，并输出聚类中心以及聚类结果。输出结果如下：

```
[array([21064.812,  7147.269]), array([58265.928, 22539.806]), array
([2223.306, 1788.318])]
[2, 0, 2, 0, 2, 0, 2, 2, 2, 2, 2, 2, 2, 2, 2, 2, 2, 2, 2, 2, 2, 2, 2,
2, 2, 2, 2, 0, 2, 2, 1, 1, 2, 2, 2, 2, 2, 2, 2, 2, 2, 0, 2, 2, 2, 2,
2, 0, 2, 2, 2, 2, 2, 0, 2, 2, 2, 2, 2, 1, 0, 2, 2, 0, 2, 2, 0, 2, 2, 2,
```

2, 2, 2, 2, 2, 2, 2, 2, 2, 2, 2, 2, 2, 2, 1, 2, 2, 2, 2, 2, 2, 2, 2, 2, 0,
0, 2, 2, 2, 2, 2, 0, 2, 2, 2, 2, 2, 2, 0, 2, 2, 2, 0, 2, 0, 2, 0, 2, 2,
0, 2, 2, 2, 2, 2, 2, 2, 2, 0, 0, 2, 2, 2, 2, 2, 2, 2, 2, 2, 2, 2, 0, 0,
2, 2, 2, 2, 0, 0, 0, 2, 2, 2, 2, 2, 2, 0, 2, 2, 2, 0, 2, 2, 2, 2, 2,
2, 2, 2, 2, 2, 2, 2, 2, 2, 2, 2, 2, 2, 2, 2, 0, 2, 2, 2, 2, 2, 0, 2,
2, 2, 0, 2, 2, 2, 0, 2, 2, 2, 2, 2, 0, 2, 2, 2, 0, 1, 2, 2, 2, 2, 2,
2, 2, 2, 0, 2, 0, 2, 2, 2, 2, 2, 2, 2, 2, 2, 0, 2, 2, 2, 2, 2, 2, 2,
2, 2, 2, 2, 2, 2, 2, 2, 2, 2]

9.2　GMM

前面介绍的 K-means 模型经过一定的迭代次数后，可以对一组已有的数据进行聚类。除了 K-means 模型外，GMM 模型同样也可以用于实现聚类，与 K-means 模型不同的是，GMM 能够得出一个更细粒度的结果。

简单地说，对于一组数据 X，采用 K-means 模型对其进行聚类后得到的是 k 个聚类中心，X 中的任意一个数据都确定地属于某一类。而 GMM 聚类后得到的是 k 个多维高斯模型，根据 X 中的任意一个数据都能计算出它属于每个类别的概率，通常可以取最大概率的类别作为该数据所属的类别。

可见，GMM 的结果包含了更多的信息。假设某个数据属于 A, B, C 三个类别的概率分别为 P_1、P_2 和 P_3，考虑两种情况：①P_1=0.1，P_2=0.2，P_3=0.7；②P_1=0.3，P_2=0.3，P_3=0.4，虽然结果均为该数据属于 C 类，但前者确定性更高，更可靠，因为 P_3 远大于 P_1 和 P_2，相对而言，后者 P_3 与 P_1 和 P_2 相差不大，区分度小。接下来让我们更详细地探讨 GMM。

9.2.1　从一维高斯函数到多维高斯函数

在探讨 GMM 之前，首先需要了解高斯函数。说到高斯函数，可能有些读者会觉得有点陌生，但如果说正态分布，读者就熟悉了。在这里，为了更易于理解，我们从更一般的函数的角度去描述它。正态分布本身又叫高斯分布，如果只从函数的角度去理解，那么高斯函数是以下这样一个函数：

$$p(x) = \frac{1}{\sqrt{2\pi\sigma^2}} e^{-\frac{(x-\mu)^2}{2\sigma^2}} \tag{9.3}$$

如果忽略正态分布的含义，单纯从公式（9.3）去理解，则 $p(x)$ 是一个函数，其结果由因变量 x 和 2 个参数 u、σ 决定。进一步对公式（9.3）增加约束，设有集合 $S=\{x_1, \cdots, x_n\}$，$x \in S$，u 和 σ 分别定义为 $x_1, \cdots, x_n$ 的均值和标准差：

$$\mu = \frac{1}{n}\sum_{i=1}^{n}x_i, \quad \sigma = \sqrt{\frac{1}{n}\sum_{i=1}^{n}(x_i - \mu)^2} \tag{9.4}$$

为了对公式（9.3）有更直观的认识，给出如图 9.2 和图 9.3 所示的 $p(x)$ 函数图像。

观察图 9.2 可以发现，当固定标准差 σ 时，函数的图像随着 μ 的变化而平移，μ 的值决定了图像峰值的位置，当且仅当 $x=\mu$ 时函数取得最大值，x 的值越接近 μ，函数值越大，越远离 μ，函数值越小。因此，根据 $p(x)$ 的大小可以用于度量 x 与 μ 的偏差。

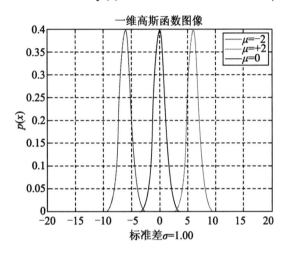

图 9.2 固定标准差时的一维高斯函数图像

由图 9.3 可知，当固定均值 μ 时，图像随着 σ 的增大而变得平缓，σ 越大，$p(x)$ 的最大值越小，x 的变化对 $p(x)$ 越小，这意味着越难以通过 $p(x)$ 来度量 x 与 μ 的偏差，可见 σ 表示的是一种不确定性的程度。

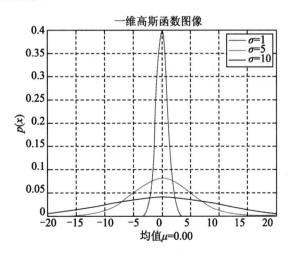

图 9.3 固定均值时的一维高斯函数图像

上述的高斯函数是对应一维变量 x 的情形，当扩展到多维时，其形式如下：

$$p(\boldsymbol{X}) = \frac{1}{\sqrt{(2\pi)^D |\boldsymbol{\Sigma}|}} e^{-\frac{1}{2}(\boldsymbol{X}-\boldsymbol{U})^{\mathrm{T}} \boldsymbol{\Sigma}^{-1}(\boldsymbol{X}-\boldsymbol{U})} \tag{9.5}$$

$\boldsymbol{S} = \{\boldsymbol{X}_1, \cdots, \boldsymbol{X}_n\}$，$\boldsymbol{X} \in \boldsymbol{S}$，$\boldsymbol{U}$ 和 $\boldsymbol{\Sigma}$ 分别为 $\boldsymbol{X}_1, \cdots, \boldsymbol{X}_n$ 的均值向量和协方差矩阵。同样地，为了对公式（9.5）有更直观的认识，给出如图 9.4 和图 9.5 所示的 $p(\boldsymbol{X})$ 函数图像。

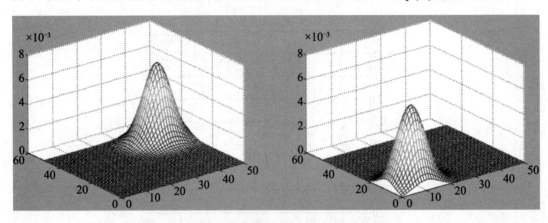

图 9.4　固定协方差矩阵时的多维高斯函数图像

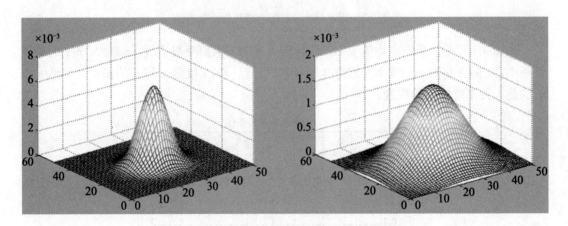

图 9.5　固定均值向量时的多维高斯函数图像

9.2.2　GMM 概述

GMM 的聚类可以与 K-means 模型进行类比。如图 9.6 所示，同样假设存在一个数据集 $\boldsymbol{X} = \{\boldsymbol{X}^{<1>}, \boldsymbol{X}^{<2>}, \cdots, \boldsymbol{X}^{<n>}\}$，而 $\boldsymbol{X}^{<i>}$ 是数据集的第 i 个数据，包含 m 个特征

$X^{<i>}=\left[x_1^{<i>},\cdots,x_m^{<i>}\right]$，现在要对 X 进行聚类，最终划分为 k 个不同的类别，使得最终形成

k 个集合：X_1, X_2, $\cdots$, X_k。首先将 X 中的每一个数据 $X^{<i>}$ 随机分配到 k 个类别中的其中一

个，此时形成了第一轮的 k 个集合 X_1, X_2, $\cdots$, X_k。

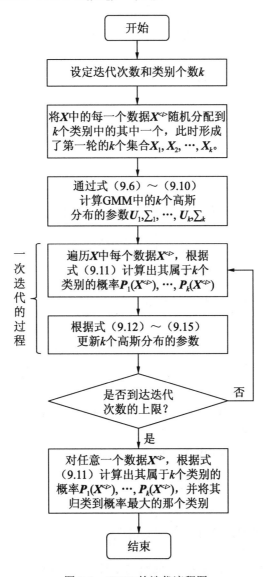

图 9.6　GMM 的迭代流程图

接下来计算 GMM 中的 k 个高斯分布的参数，针对每一类数据的集合 $X_i=\left[X_i^{<1>},\cdots,X_i^{<j>}\right]$，

计算其集合 X_i 内所有数据的各个特征的均值 U_i：

$$\boldsymbol{U}_i = \begin{bmatrix} u_{i1} & u_{i2} & \cdots & u_{im} \end{bmatrix} = \begin{bmatrix} \dfrac{1}{j}\sum_{s=1}^{j} x_{i1}^{<s>} & \dfrac{1}{j}\sum_{s=1}^{j} x_{i2}^{<s>} & \cdots & \dfrac{1}{j}\sum_{s=1}^{j} x_{im}^{<s>} \end{bmatrix} \tag{9.6}$$

$$\boldsymbol{X}_i^{<t>} = \begin{bmatrix} x_{i1}^{<t>} & x_{i2}^{<t>} & \cdots & x_{im}^{<t>} \end{bmatrix}^{\mathrm{T}} \tag{9.7}$$

其中，$x_{ih}^{<t>}$ 表示属于第 i 类的第 t 个数据的第 h 个特征的值。基于 $\boldsymbol{U}_i$ 计算协方差矩阵：

$$\boldsymbol{\Sigma}_i = \begin{bmatrix} \mathrm{COV}(R_{i1},R_{i1}) & \cdots & \mathrm{COV}(R_{i1},R_{im}) \\ \vdots & \vdots & \vdots \\ \mathrm{COV}(R_{im},R_{i1}) & \cdots & \mathrm{COV}(R_{im},R_{im}) \end{bmatrix} \tag{9.8}$$

$$R_{ir} = \begin{bmatrix} x_{ir}^{<1>} & x_{ir}^{<2>} & \cdots & x_{ir}^{<j>} \end{bmatrix}^{\mathrm{T}} \tag{9.9}$$

$$\mathrm{COV}(R_{ir},R_{it}) = \frac{1}{j}\sum_{s=1}^{j}(x_{ir}^{<s>} - u_{ir})(x_{it}^{<s>} - u_{it}) \tag{9.10}$$

现在对于任意一个数据 $\boldsymbol{X}^{<i>}$，由于 $\boldsymbol{U}_1$，$\boldsymbol{\Sigma}_1$，$\cdots$，$\boldsymbol{U}_k$，$\boldsymbol{\Sigma}_k$ 已知，可以根据式（9.5）算出 $p_1(\boldsymbol{X}^{<i>})$，$\cdots$，$p_k(\boldsymbol{X}^{<i>})$，进而能计算出 $\boldsymbol{X}^{<i>}$ 属于第 j 类的概率为

$$P_j(\boldsymbol{X}^{<i>}) = \frac{p_j(\boldsymbol{X}^{<i>})}{\sum\limits_{s=1}^{k} p_s(\boldsymbol{X}^{<i>})} \tag{9.11}$$

在此基础上，继续更新 k 个高斯分布的参数：

$$\begin{aligned} \boldsymbol{U}_i &= \begin{bmatrix} u_{i1} & u_{i2} & \cdots & u_{im} \end{bmatrix} \\ &= \begin{bmatrix} \dfrac{1}{j}\sum_{s=1}^{n} P_i(\boldsymbol{X}^{<s>})x_{i1}^{<s>} & \dfrac{1}{j}\sum_{s=1}^{n} P_i(\boldsymbol{X}^{<s>})x_{i2}^{<s>} & \cdots & \dfrac{1}{j}\sum_{s=1}^{n} P_i(\boldsymbol{X}^{<s>})x_{im}^{<s>} \end{bmatrix} \end{aligned} \tag{9.12}$$

$$\boldsymbol{\Sigma}_i = \begin{bmatrix} \mathrm{COV}(R_{i1},R_{i1}) & \cdots & \mathrm{COV}(R_{i1},R_{im}) \\ \vdots & \vdots & \vdots \\ \mathrm{COV}(R_{im},R_{i1}) & \cdots & \mathrm{COV}(R_{im},R_{im}) \end{bmatrix} \tag{9.13}$$

$$R_{ir} = \begin{bmatrix} x_{ir}^{<1>} & x_{ir}^{<2>} & \cdots & x_{ir}^{<j>} \end{bmatrix}^{\mathrm{T}} \tag{9.14}$$

$$\mathrm{COV}(R_{ir},R_{it}) = \frac{1}{j}\sum_{s=1}^{n} P_i(\boldsymbol{X}^{<s>})(x_{ir}^{<s>} - u_{ir})(x_{it}^{<s>} - u_{it}) \tag{9.15}$$

重复此过程，直到达到一定的次数。此时对于任意一个数据 $\boldsymbol{X}^{<i>}$，只需要通过式（9.11）计算出其属于 k 个类别的概率 $P_1(\boldsymbol{X}^{<i>})$，$\cdots$，$P_k(\boldsymbol{X}^{<i>})$，并将其归类到概率最大的那个类别即可。

🔔注意：式（9.12）和式（9.6）存在细微的区别，式（9.10）只对归属于某一类别的数据

进行计算，而式（9.15）中所有数据都参与计算，概率在此发挥了作用，它的实质是期望值。同理，式（9.15）采用了同样的方式代替了式（9.10）。

9.2.3　GMM 的实现

1. Java实现

代码 9.5 给出了 GMM 的实现类 GmmModel。

代码 9.5　GmmModel.java

```
1   public class GmmModel {
2       public Map<Integer, List<Integer>> cluster(Matrix featureMat, int
        k, int epochNum) {
3           int dimension = featureMat.getColNum();
4           // 步骤1. 对输入参数进行归一化处理
5           Matrix x = AlgebraUtil.normalize(featureMat, 0);
6           // 步骤2. 将数据归属到随机的类别中
7           Random random = new Random();
8           List<Matrix>[] clusters = new List[k];
9           for (int i = 0; i < x.getRowNum(); i++) {
10              Matrix xi = AlgebraUtil.getRowVector(x, i);
11              int clazzIndex = random.nextInt(k);
12              if (null == clusters[clazzIndex]) {
13                  clusters[clazzIndex] = new ArrayList<>();
14              }
15              clusters[clazzIndex].add(xi);
16          }
17          // 步骤3. 初始化各高斯分量的u和sigma
18          Matrix[] u = new Matrix[k];
19          Matrix[] sigma = new Matrix[k];
20          for (int i = 0; i < k; i++) {
21              u[i] = new Matrix(1, dimension);
22              sigma[i] = new Matrix(dimension, dimension);
23          }
24          for (int i = 0; i < k; i++) {
25              List<Matrix> ci = clusters[i];
26              for (Matrix xCi : ci) {
27                  u[i] = AlgebraUtil.add(u[i], xCi);
28              }
29              u[i] = AlgebraUtil.multiply(u[i], new BigDecimal(1.0 / ci.
            size()));
30          }
31          for (int i = 0; i < k; i++) {
32              List<Matrix> ci = clusters[i];
33              for (Matrix xiCi : ci) {
34                  Matrix xiSubtractUc = AlgebraUtil.subtract(xCi, u[i]);
35                  Matrix transXiSubtractUc = AlgebraUtil.transpose
                (xiSubtractUc);
36                  sigma[i] = AlgebraUtil.add(sigma[i],
```

```
37                       AlgebraUtil.multiply(transXiSubtractUc, xiSubtractUc));
38               }
39               u[i] = AlgebraUtil.multiply(u[i], new BigDecimal(1.0 / ci.
                 size()));
40               sigma[i] = AlgebraUtil.multiply(sigma[i], new BigDecimal
                 (1.0 / ci.size()));
41           }
42           // 步骤 4. 迭代更新高斯分量的 u 和 sigma 参数
43           for (int e = 0; e < epochNum; e++) {
44               System.out.format("==== Epoch #%d ====\n", e);
45               // 创建的 newU 和 newSigma，作为本次迭代更新后得到的 u 和 sigma
46               Matrix[] newU = new Matrix[k];
47               Matrix[] newSigma = new Matrix[k];
48               for (int i = 0; i < k; i++) {
49                   newU[i] = new Matrix(1, dimension);
50                   newSigma[i] = new Matrix(dimension, dimension);
51               }
52               for (int c = 0; c < k; c++) {
53                   //更新第 c 个类别的高斯分量参数 u 和 sigma
54                   BigDecimal nc = new BigDecimal(0.0);
55                   for (int i = 0; i < x.getRowNum(); i++) {
56                       // 计算出公式（9.11）中的分母
57                       BigDecimal pi = new BigDecimal(0.0);
58                       for (int s = 0; s < k; s++) {
59                           Matrix xi = AlgebraUtil.getRowVector(x, i);
60                           pi = pi.add(gaussianFunction(xi, u[s], sigma[s]));
61                       }
62                       Matrix xi = AlgebraUtil.getRowVector(x, i);
63                       // 实现计算公式（9.11）的计算
64                       BigDecimal pic = gaussianFunction(xi, u[c], sigma[c]).
                         multiply(
65                               new BigDecimal(1.0 / pi.doubleValue()));
66                       newU[c] = AlgebraUtil.add(newU[c], AlgebraUtil.
                         multiply(xi, pic));
67                       Matrix xiSubtractUc = AlgebraUtil.subtract(xi, u[c]);
68                       Matrix transXiSubtractUc = AlgebraUtil.transpose
                         (xiSubtractUc);
69                       newSigma[c] = AlgebraUtil.add(newSigma[c], AlgebraUtil.
                         multiply(
70                               AlgebraUtil.multiply(transXiSubtractUc,
                                   xiSubtractUc), pic));
71                       nc = nc.add(pic);
72                   }
73                   // 更新 u 和 sigma，对应公式(9.12)和公式(9.13)
74                   System.out.format("cluster #%d have %d samples\n", c,
                     (int) nc.doubleValue());
75                   newU[c] = AlgebraUtil.multiply(newU[c], new BigDecimal
                     (1.0 / nc.doubleValue()));
76                   newSigma[c] = AlgebraUtil.multiply(newSigma[c],
77                           new BigDecimal(1.0 / nc.doubleValue()));
78               }
79               u = newU;
80               sigma = newSigma;
81               System.out.println("====================");
```

```
82              System.out.println();
83          }
84          System.out.println(u);
85          return cluster(x, u, sigma);
86      }
87
88      private Map<Integer, List<Integer>> cluster(Matrix x, Matrix[] u,
        Matrix[] sigma) {
89          int k = u.length;
90          Map<Integer, List<Integer>> clusteredResult = new HashMap<>();
91          for (int i = 0; i < x.getRowNum(); i++) {
92              Matrix xi = AlgebraUtil.getRowVector(x, i);
93              BigDecimal maxP = new BigDecimal(Double.MIN_VALUE);
94              // 根据高斯函数的结果归类到最优的类别中
95              int bestClazz = -1;
96              for (int c = 0; c < k; c++) {
97                  BigDecimal pic = gaussianFunction(xi, u[c], sigma[c]);
98                  if (pic.compareTo(maxP) > 0) {
99                      maxP = pic;
100                     bestClazz = c;
101                 }
102             }
103             List<Integer> elementsInClazz = clusteredResult.get
                (bestClazz);
104             if (null == elementsInClazz) {
105                 elementsInClazz = new ArrayList<>();
106             }
107             elementsInClazz.add(i);
108             clusteredResult.put(bestClazz, elementsInClazz);
109         }
110         return clusteredResult;
111     }
112
113     // gaussianFunction 方法用于计算公式 (9.5) 的高斯函数
114     public BigDecimal gaussianFunction(Matrix inputX, Matrix inputU,
        Matrix sigma) {
115         Matrix x = inputX;
116         Matrix u = inputU;
117         if (sigma.getRowNum() != x.getRowNum()) {
118             x = AlgebraUtil.transpose(x);
119         }
120         if (sigma.getRowNum() != u.getRowNum()) {
121             u = AlgebraUtil.transpose(u);
122         }
123         int d = x.getRowNum();
124         double leftTerm = 1.0 / (Math.pow(2 * Math.PI, d / 2.0) *
125             Math.sqrt(AlgebraUtil.determinant(sigma).doubleValue()));
126         double rightTerm = Math.exp(-0.5 * AlgebraUtil.multiply
                (AlgebraUtil.multiply
127             AlgebraUtil.transpose(AlgebraUtil.subtract(x, u)), AlgebraUtil.
                inverse(sigma)),
```

```
128                AlgebraUtil.subtract(x, u)).getValue(0, 0).doubleValue());
129         BigDecimal p = new BigDecimal(leftTerm * rightTerm);
130         return p;
131     }
132 }
```

GmmModel 包含两个方法，分别是 cluster 和 gaussianFunction。gaussianFunction 方法相对来说比较容易理解，用于计算式（9.5）的高斯函数，输入数据、均值向量和协方差矩阵，计算并输出对应的函数值。

Map<Integer, List<Integer>>cluster(Matrix featureMat, int k, int epochNum)方法是真正实现聚类的方法，输入参数有 3 个，分别是 x、k 和 epochNum。x 是用于聚类的数据，以 Matrix 类型表示；k 为设定的类别个数；epochNum 是迭代次数。cluster 方法分 4 步实现：①对输入的数据 x 进行归一化处理，使其数值的取值范围为[0, 1]。②对任意一个数据，随机分配到 k 个类别中的某一个类别中。③根据每个类别所包含的数据，利用式（9.6）～（9.10）计算 k 个高斯分布的均值向量和协方差矩阵。④利用式（9.12）～（9.15），更新 k 个高斯分布的均值向量和协方差矩阵。

方法的最后调用了一个重载方法 Map<Integer, List<Integer>>cluster(Matrix x, Matrix u, Matrix sigma)，输入参数包含 x、u 和 sigma，u 是一个数组类型 Matrix[]，这个数组的大小是 k，它的第 i 个元素表示第 i 个高斯分布的均值向量；sigma 也是一个数组类型 Matrix[]，数组大小同样是 k，第 i 个元素表示第 i 个高斯分布的协方差矩阵。该方法根据 u 和 sigma 计算出每个数据最可能从属的类别，并加入到一个 Map 中，Map 的 key 是类别的编号，value 是一个 List，保存着对应类别下所有数据的索引。

2. Python实现

代码 9.6 给出了 GMM 的实现 gmm_model.py。

代码 9.6　gmm_model.py

```python
1   import os
2   import numpy as np
3
4   def cluster(x, k, epoch_num):
5       random_labels = np.random.randint(0, k, x.shape[0])
6       u = []
7       sigma = []
8       for i in range(k):
9           xi = x[random_labels == i, :]
10          ui = np.mean(xi, 0)
11          sigma_i = np.cov(np.transpose(xi))
12          u.append(ui)
13          sigma.append(sigma_i)
14      for e in range(epoch_num):
```

```
15          print("epoch #%d" %(e+1))
16          new_u = []
17          new_sigma = []
18          for i in range(k):
19              new_ui = 0
20              new_sigma_i = np.zeros([x.shape[1], x.shape[1]])
21              ni = 0
22              # 这里实现了公式(9.11)的计算
23              for j in range(x.shape[0]):
24                  pj = 0
25                  for s in range(k):
26                      pj = pj + gaussian_fun(x[j], u[s], sigma[s])
27                  pji = gaussian_fun(x[j], u[i], sigma[i]) / pj
28                  new_ui = new_ui + pji * x[j]
29                  ni = ni + pji
30                  new_sigma_i = new_sigma_i + pji *
31                      np.array(np.transpose(np.mat(x[j] - u[i])).dot
                        (np.mat(x[j] - u[i])))
32              print("cluster #%d have %d samples" %(i, ni))
33              # 更新 u 和 sigma，对应公式(9.12)和公式(9.13)
34              new_ui = new_ui / ni
35              new_sigma_i = new_sigma_i / ni
36              new_u.append(new_ui)
37              new_sigma.append(new_sigma_i)
38          u = new_u
39          sigma = new_sigma
40          print(u)
41          print()
42      return u, sigma
43
44  def cluster_with_u_and_sigma(x, k, u, sigma):
45      x_classes = {}
46      for s in range(k):
47          x_classes[s] = []
48      for j in range(x.shape[0]):
49          max_probability = -1
50          best_class = -1
51          for s in range(k):
52              pjs = gaussian_fun(x[j], u[s], sigma[s])
53              if (pjs > max_probability):
54                  max_probability = pjs
55                  best_class = s
56          x_classes[best_class].append(j)
57      return x_classes
58  # gaussian_function 方法用于计算公式(9.5)的高斯函数
59  def gaussian_fun(x, u, sigma):
60      d = len(x)
```

```
61      left_term = 1 / (np.power(2*np.pi, d/2) * np.power(np.linalg.det
        (sigma), 0.5))
62      right_term = np.exp(-0.5 * np.dot(np.dot(np.transpose(x - u), np.
        linalg.inv(sigma)), x - u))
63      p = left_term * right_term
64      return p
```

gmm_model.py 包含 3 个函数，分别是 cluster、cluster_with_u_and_sigma 和 gaussian_fun。gaussian_fun 函数十分简洁直观，用于计算式（9.5）的高斯函数，输入数据、均值向量和协方差矩阵，计算并输出对应的函数值。

cluster 函数是实现聚类的主体，输入参数有 3 个，分别是 x、k 和 epoch_num。x 为用于聚类的数据；u 为 k 个高斯分布的均值向量；sigma 表示 k 个高斯分布的协方差矩阵。cluster 函数分 5 步实现：①对输入的数据 x 进行归一化处理，使其数值的取值范围为[0, 1]。②对任意一个数据，随机分配到 k 个类别中的某一个类别。③根据每个类别所包含的数据，利用式（9.6）～（9.10）计算 k 个高斯分布的均值向量和协方差矩阵。④利用式（9.12）～（9.15），更新 k 个高斯分布的均值向量和协方差矩阵。⑤输出 k 个高斯分布的均值向量 u 和协方差矩阵 sigma。cluster_with_u_and_sigma 根据 u 和 sigma，将每一个数据归属到概率最大的类别中，然后返回结果。

9.2.4　示例：对比 K-means 模型

下面使用 GMM 对 9.1.3 节中的数据进行聚类，观察其结果。

1. Java实现

代码 9.7 中的单元测试类 GmmModelTest 给出了一个使用 GMM 的示例。

代码 9.7　GmmModelTest.java

```java
1   public class GmmModelTest {
2       @Test
3       public void testCluster() throws IOException {
4           // 从文件中读取数据
5           String rootPath = this.getClass().getResource("").getPath() +
            "../../";
6           String fileName = "cluster_test_data.csv";
7           Scanner scanner = new Scanner(new File(rootPath, fileName));
8           Matrix x = new Matrix(259, 2);
9           int i = 0;
10          while (scanner.hasNextLine()) {
11              String[] fields = scanner.nextLine().split(",");
12              double profit_amt = Double.parseDouble(fields[1]);
13              double price = Double.parseDouble(fields[2]);
```

```
14              x.setValue(i, 0, new BigDecimal(profit_amt));
15              x.setValue(i, 1, new BigDecimal(price));
16              i++;
17          }
18          // 创建 GMM 对数据进行聚类
19          GmmModel gmmModel = new GmmModel();
20          Map<Integer, List<Integer>> clusterToDataPointIndices =
            gmmModel.cluster(x, 3, 100);
21          // 打印聚类结果
22          System.out.println(clusterToDataPointIndices);
23      }
24  }
```

代码 9.7 中，首先读取文件获取数据，同时转换为 Matrix 格式，然后创建 GmmModel 的实例，并调用 cluster 方法对数据进行聚类，这里设置类别个数 $k=3$，迭代次数为 100 次。输出结果如下：

```
==== Epoch #0 ====
cluster #0 have 42 samples
cluster #1 have 24 samples
cluster #2 have 191 samples
===================
...
==== Epoch #99 ====
cluster #0 have 91 samples
cluster #1 have 101 samples
cluster #2 have 66 samples

{0=[0, 8, 11, 12, 17, 20, 25, 27, 29, 34, 35, 37, 38, 39, 41, 44, 46, 47,
51, 53, 57, 58, 59, 65, 68, 69, 72, 74, 75, 76, 78, 79, 80, 82, 83, 86, 87,
90, 93, 96, 97, 100, 102, 107, 108, 110, 113, 114, 120, 122, 126, 127, 129,
131, 137, 138, 139, 141, 144, 146, 161, 162, 166, 169, 171, 174, 175, 177,
178, 183, 184, 185, 186, 187, 189, 191, 192, 194, 195, 196, 200, 208, 209,
213, 218, 219, 222, 230, 233, 234, 239, 243, 247, 249, 250, 251, 254, 257,
258], 1=[4, 7, 9, 14, 15, 18, 19, 21, 23, 24, 26, 28, 33, 40, 42, 45, 48,
49, 52, 54, 60, 61, 62, 66, 73, 77, 84, 85, 89, 92, 94, 101, 103, 104, 109,
111, 115, 116, 117, 118, 119, 125, 128, 130, 132, 135, 136, 140, 142, 143,
147, 150, 151, 152, 156, 158, 159, 164, 165, 167, 170, 172, 176, 179, 180,
181, 188, 193, 198, 202, 203, 204, 205, 207, 210, 211, 214, 215, 220, 221,
223, 225, 226, 229, 231, 236, 237, 238, 240, 241, 242, 244, 245, 246, 248,
252, 253, 255, 256], 2=[1, 2, 3, 5, 6, 10, 13, 16, 22, 30, 31, 32, 36, 43,
50, 55, 56, 63, 64, 67, 70, 71, 81, 88, 91, 95, 98, 99, 105, 106, 112, 121,
123, 124, 133, 134, 145, 148, 149, 153, 154, 155, 157, 160, 163, 168, 173,
182, 190, 197, 199, 201, 206, 212, 216, 217, 224, 227, 228, 232, 235]}
```

从结果可以看出每次迭代中每个类别的总体数目，以及最终的聚类结果。

2．Python实现

代码 9.8 给出了 **gmm_model.py** 的使用示例。

代码 9.8　gmm_model_test.py

```python
1    import os
2    import numpy as np
3    import py.gmm_model
4
5    def test_gmm_model():
6        # 从文件中读取数据
7        file_path = os.getcwd() + "/../src/main/resources/cluster_test_
         data.csv"
8        x = np.loadtxt(file_path, delimiter=",",usecols=(1, 2), unpack=
         True)
9        x = np.transpose(x)
10       # 设置类别数为 3
11       k = 3
12       # 设置迭代次数为 50
13       epoch_num = 50
14       #使用 GMM 进行聚类
15       u, sigma = py.gmm_model.cluster(x, k, epoch_num)
16       x_classes = py.gmm_model.cluster_with_u_and_sigma(x, k, u, sigma)
17       # 打印结果
18       print(x_classes)
19
20   if __name__ == "__main__":
21       test_gmm_model()
```

代码整体十分简洁，首先读取文件获取数据，然后设置类别个数 $k=3$，迭代次数 epoch_num=50，调用 gmm_model 的 cluster 方法进行聚类，得到 k 个高斯分布的均值向量 *u* 和协方差矩阵 sigma，最后调用 cluster_with_u_and_sigma 函数计算并输出每个类别所包含的数据。结果如下：

```
epoch #1
cluster #0 have 88 samples
cluster #1 have 82 samples
cluster #2 have 87 samples
...
epoch #50
cluster #0 have 59 samples
cluster #1 have 67 samples
cluster #2 have 132 samples
{0: [4, 7, 9, 14, 15, 18, 19, 21, 23, 24, 26, 28, 33, 40, 42, 45, 48, 49,
52, 54, 60, 61, 62, 66, 73, 77, 84, 85, 89, 92, 94, 101, 103, 104, 109, 111,
112, 115, 116, 117, 118, 119, 125, 128, 130, 132, 135, 136, 140, 142, 143,
```

147, 150, 151, 152, 156, 158, 159, 164, 165, 167, 170, 172, 176, 179, 180, 181, 182, 188, 193, 198, 202, 203, 204, 205, 207, 210, 211, 214, 215, 220, 221, 223, 225, 226, 229, 236, 237, 238, 240, 241, 242, 244, 245, 246, 248, 252, 253, 255, 256], 1: [0, 8, 11, 12, 17, 20, 25, 27, 29, 34, 35, 37, 38, 39, 41, 44, 46, 47, 51, 53, 57, 58, 59, 65, 68, 69, 72, 74, 75, 76, 78, 79, 80, 82, 83, 86, 87, 90, 93, 96, 97, 100, 102, 107, 108, 110, 113, 114, 120, 122, 126, 127, 129, 131, 137, 138, 139, 141, 144, 146, 161, 162, 166, 169, 171, 174, 175, 177, 178, 183, 184, 185, 186, 187, 189, 191, 192, 194, 195, 196, 200, 208, 209, 213, 218, 219, 222, 230, 231, 233, 234, 239, 243, 247, 249, 250, 251, 254, 257, 258], 2: [1, 2, 3, 5, 6, 10, 13, 16, 22, 30, 31, 32, 36, 43, 50, 55, 56, 63, 64, 67, 70, 71, 81, 88, 91, 95, 98, 99, 105, 106, 121, 123, 124, 133, 134, 145, 148, 149, 153, 154, 155, 157, 160, 163, 168, 173, 190, 197, 199, 201, 206, 212, 216, 217, 224, 227, 228, 232, 235]}

从结果可以看出每次迭代中每个类别的总体数目,以及最终的聚类结果。

9.3 习 题

通过下面的习题来检验本章的学习效果。

1. 尝试调整类别个数 k 和迭代次数,执行示例程序并观察结果的差异。

2. 尝试修改代码 9.5,在 GmmModel.java 中增加一个方法 Map<Integer, List<Double>> clusterWithProbability(Matrix x, int k, int epochNum),利用 GMM 输出每个数据属于每个类别的概率。返回类型表示一个 map;map 的 key 是数据的索引;value 是一个 List;List 的大小等于 k;List 的第 i 个元素是这个数据属于每一类别的概率。

3. 尝试采用不同的数据来对比 KmeansModel 和 GmmModel,重点关注这两个模型的运行时间,观察后总结一下哪个模型效率更高。

4. 思考一下当数据量很大的时候,如对一个 1TB 的文件进行聚类,无法全量加载到内存,要如何实现对数据的聚类?

第 10 章　时间序列模型

通过第 9 章的学习，我们已经对聚类模型有所了解。接下来我们将针对一类较为特殊的回归问题进行讲解，即时间序列的预测。本章要介绍的是其中最为经典的时间序列预测模型——Holt-Winters，将分别介绍它的基本原理及其具体实现，并且通过示例进行讲解。

本章主要涉及以下知识点：

- 指数平滑模型的概念；
- Holt-Winters 模型的介绍及其具体实现；
- Hotl-Winters 模型的应用，即通过具体示例，演示如何使用 Holt-Winters 模型来预测时间序列数据。

10.1　指数平滑模型

时间序列的预测是一类特殊的回归问题，要理解这一点，我们先来看看什么是时间序列的数据。首先考虑这样的一组数据：$S=[X, Y]=\{(x_0, y_0); (x_1, y_1); \cdots; (x_t, y_t)\}$，其中 X 表示一个特征维度，Y 表示对应的指标数值，对于回归问题而言，是要找到一个合适的映射关系 $f(x)$ 来尽可能满足 $y=f(x)$，而 $x_1, \cdots, x_t$ 之间不一定存在着关联性。而时间序列的预测问题，是在回归问题的基础上进行定义的。时间序列的预测是期望估计 $f(x_{t+k})$ 的值，同时 X 是时间维度，$x_1, \cdots, x_t$ 之间存在着时间上的关联性，x_i 表示第 i 个时间节点。

对于大部分的时间序列预测问题而言，通常会进一步建模直接探究 $f(x_t)=g(f(x_{t-1}),$ $f(x_{t-2}), \cdots, f(x_0))$ 之间的关系。设 $y_t=g(y_{t-1}, y_{t-2}, \cdots, y_0)$，时间序列预测模型的目标是找到一个合适的函数 $g(\bullet)$。接下来让我们先了解一些较为简单的模型，再逐渐引入 Holt-Winters 模型。

10.1.1　移动平均模型

我们首先接触到的一个较为简单的模型是移动平均模型。它的思想是，y_t 的值跟它的前 k 个值有关，取前 k 个值的平均值来近似地表示 y_t，因此有

$$s_t = \frac{1}{k}\sum_{i=0}^{k-1} y_{t-i} = \frac{y_t + y_{t-1} + \cdots + y_{t-k+1}}{k} \tag{10.1}$$

根据上式可以得出 y_{t-1} 的表达式为

$$s_{t-1} = \frac{1}{k}\sum_{i=0}^{k-1} y_{t-1-i} = \frac{y_{t-1} + y_{t-2} + \cdots + y_{t-k}}{k} \tag{10.2}$$

此时，结合式（10.1）和式（10.2）可以得出下面的移动平均模型递推公式：

$$s_t - s_{t-1} = \frac{y_t - y_{t-k}}{k} \Rightarrow s_t = s_{t-1} + \frac{y_t - y_{t-k}}{k} \tag{10.3}$$

10.1.2　一次指数平滑模型

更进一步观察式（10.1）可以发现，y_t 与前 k 个值 $y_{t-1}, y_{t-2}, \cdots, y_{t-k+1}$ 相关，但在时间上，x_{t-k} 离 x_t 的距离是越来越远的，在实际中对 y_t 的影响也应该越来越小才更合理。因此，可以将式（10.1）改写成式（10.4），引入权重，并且令远离 x_t 的权值更小，令接近 x_t 的权值更大。

$$s_t = \sum_{i=0}^{k-1} w_i y_{t-i} = w_0 y_t + w_1 y_{t-1} + \cdots + w_{k-1} y_{t-k+1} \tag{10.4}$$

其中，所有权值之和固定为 1，即

$$\sum_{i=0}^{k-1} w_i = w_0 + w_1 + \cdots + w_{k-1} = 1 \tag{10.5}$$

然而，虽然有了权值的约束条件，却很难给出 $w_0, w_1, \cdots, w_{k-1}$ 的具体值。在此基础上，引入了一次指数平滑模型：

$$s_t = \alpha y_t + (1-\alpha)s_{t-1} \tag{10.6}$$

其中，$0 \leqslant \alpha \leqslant 1$。式（10.5）的思想是，通过对真实值和上一个时间节点的估计值做加权平均，得到当前时间节点的估计值，α 在这里用来平衡两者的权重：当 $\alpha=1$ 时，$y_t = \alpha$，完全不考虑历史的估计值；当 $\alpha=0$ 时，$y_t = y_{t-1}$，完全不考虑真实值。将式（10.6）展开之后可以进一步得到式：

$$\begin{aligned}
s_t &= \alpha x_t + (1-\alpha)s_{t-1} \\
&= \alpha x_t + \alpha(1-\alpha)x_{t-1} + (1-\alpha)^2 s_{t-2} \\
&= \alpha x_t + \alpha(1-\alpha)x_{t-1} + \alpha(1-\alpha)^2 x_{t-2} + \cdots + \alpha(1-\alpha)^{t-1} x_1 + (1-\alpha)^t x_0
\end{aligned} \tag{10.7}$$

观察上式可以发现，这实际上是式（10.4）的一种具体形式，其中有

$$w_0 = \alpha, w_1 = \alpha(1-\alpha), \ldots, w_t = (1-\alpha)^t \tag{10.8}$$

10.1.3　二次指数平滑模型

一次指数平滑模型实际上只是对历史数据的加权均值。要更好地预测后续时间节点的数值，需要考虑到这些数据本身的趋势。式（10.9）在一次指数平滑模型的基础上，加入了趋势因子 b_t：

$$s_t = \alpha y_t + (1-\alpha)(s_{t-1} + b_{t-1}) \tag{10.9}$$

$$b_t = \beta(s_t - s_{t-1}) + (1-\beta)b_{t-1} \tag{10.10}$$

其中，$0 \leqslant \beta \leqslant 1$。这里，$b_t$ 之所以能够起到评估趋势的作用，关键在于式（10.10）。从式（10.10）中可以看出 b_t 与 $\Delta s_t = s_t - s_{t-1}$ 有关，即与 s_t 的变化有关，而 s_t 的变化方向和幅度趋势可以分别由 Δs_t 的正负及绝对值 $|\Delta s_t|$ 来决定，当 $\Delta s_t < 0$，数值上拥有减少的趋势，当 $\Delta s_t > 0$，数值上拥有增加的趋势，而 $|\Delta s_t|$ 越大则说明这种趋势越明显。

基于二次指数平滑模型，往后 l 个时间节点的数值可以通过下式估计得出：

$$\hat{y}_{t+l} = s_t + l b_t \tag{10.11}$$

10.2　Holt-Winters 模型

通过前面章节的学习，我们掌握了一次指数平滑模型和二次指数平滑模型，了解了时间序列预测的一种最基本方法。读者也许会好奇，既然有一次指数平滑模型和二次指数平滑模型，那是否还存在三次指数平滑模型呢？答案是肯定的，Holt-Winters 模型事实上就是三次指数平滑模型，它除了考虑到趋势以外，还进一步考虑到周期对估计值的影响。

10.2.1　Holt-Winters 模型概述

Holt-Winters 模型在式（10.9）和式（10.10）的基础上，引入了周期因子 c_t。由于周期存在着两种不同的类型，即累加性周期和累乘性周期，所以 c_t 对应也有两种不同的表达方式。所谓累加性周期，是指数据中存在着按绝对数值递增或递减的周期规律，比如城市的某个收费站每天 18:00 的车流量比 15:00 大约多 50 辆左右；而累乘性周期，是指数据中存在着按比例递增或递减的周期规律，例如每年 6 月份的销量比 3 月份的销量多 20%。我们首先来看当 c_t 采用累加性周期进行表示时的 Holt-Winters 模型。

$$s_t = \alpha(y_t - c_{t-m}) + (1-\alpha)(s_{t-1} + b_{t-1}) \tag{10.12}$$

$$b_t = \beta(s_t - s_{t-1}) + (1-\beta)b_{t-1} \tag{10.13}$$

$$c_t = \gamma(y_t - s_{t-1} - b_{t-1}) + (1-\gamma)c_{t-m} \tag{10.14}$$

$$\hat{y}_{t+l} = (s_t + lb_t + c_{t-m+l}) \bmod m \tag{10.15}$$

其中，s_0 和 b_0 分别为

$$s_0 = y_0 \tag{10.16}$$

$$b_0 = \frac{1}{m}\left(\frac{y_{m+1} - y_1}{m} + \frac{y_{m+2} - y_2}{m} + \cdots + \frac{y_{m+m} - y_m}{m} \right) \tag{10.17}$$

观察式（10.14）等号右边的第一项可以知道，周期因子 c_t 的意义实际上是除去 s_{t-1} 和 b_{t-1} 之外的影响 y_t 的因子；再看式（10.12），与式（10.9）不同的是，式（10.12）对 s_t 的建模加入了上一周期 c_{t-m} 的影响；最后，预测时间序列时所使用的直接公式是式（10.15），从式（10.15）可以看到估计时加上了周期因子以考虑到周期的影响。

同样地，当 c_t 采用累乘性周期进行表示时的 Holt-Winters 模型可以由下式表示：

$$s_t = \alpha \frac{y_t}{c_{t-m}} + (1-\alpha)(s_{t-1} + b_{t-1}) \tag{10.18}$$

$$b_t = \beta(s_t - s_{t-1}) + (1-\beta)b_{t-1} \tag{10.19}$$

$$c_t = \gamma \frac{y_t}{s_{t-1}} + (1-\gamma)c_{t-m} \tag{10.20}$$

$$\hat{y}_{t+l} = (s_t + lb_t)c_{t-m+l} \bmod m \tag{10.21}$$

其中，s_0 和 b_0 可以由式（10.16）和式（10.17）得出。

10.2.2　Holt-Winters 模型的实现

下面给出累加性周期的 Holt-Winters 模型的实现。

1. Java实现

代码 10.1 给出了 Holt-Winters 模型的实现类 HoltWintersModel。

代码 10.1　HoltWintersModel.java

```
1    public class HoltWintersModel {
2        private final int DEFAULT_EPOCH_NUM = 10000;              // 默认迭代次数
3        public Matrix optimize(Matrix y, int cycleLen) {
4            return optimize(y, cycleLen, DEFAULT_EPOCH_NUM);
5        }
6
7        public Matrix optimize(Matrix y, int cycleLen, int epochNum) {
8            Matrix boundaries = new Matrix(3, 2);
9            for (int i = 0; i < boundaries.getRowNum(); i++) {
10               boundaries.setValue(i, 0, 0.0);
11               boundaries.setValue(i, 1, 1.0);
12           }
13           Optimizer optimizer = new GeneticAlgorithmOptimizer(boundaries,
             epochNum);
```

```
14          // 初始化待优化的参数
15          Matrix params = new Matrix(1, 3);
16          for (int i = 0; i < params.getRowNum(); i++) {
17              params.setValue(i, 0, 0.001);
18          }
19          // 调用 optimize 方法对参数进行优化。注意，这里创建了一个 HoltWinters-
            ModelRmseTargetFunction 方法，专门用于计算 HoltWintersModel 的 RMSE
20          params = optimizer.optimize(new HoltWintersModelRmseTarget
            Function(cycleLen),
21          params, y, y, false);
22          return params;
23      }
24
25      public Matrix fittedValue(Matrix y, Matrix params, int cycleLen, int
        predictionLen) {
26          // 估计 yHat，yHat 对应公式(10.21)的 y^
27          List<BigDecimal> yHat = estimateYHat(y, params, cycleLen,
            predictionLen);
28          // 将计算结果 yHat 封装成矩阵
29          yHat.remove(0);
30          Matrix yHatMat = new Matrix(yHat.size(), 1);
31          for (int i = 0; i < yHatMat.getRowNum(); i++) {
32              yHatMat.setValue(i, 0, yHat.get(i));
33          }
34          return yHatMat;
35      }
36
37      private List<BigDecimal> estimateYHat(Matrix y, Matrix params, int
        cycleLen, int predictionLen) {        // 获取 alpha, beta 和 gama 参数
38          BigDecimal alpha = params.getValue(0, 0);
39          BigDecimal beta = params.getValue(0, 1);
40          BigDecimal gama = params.getValue(0, 2);
41
42          List<BigDecimal> s = new ArrayList<>();
43          List<BigDecimal> b = new ArrayList<>();
44          List<BigDecimal> c = new ArrayList<>();
45          List<BigDecimal> yHat = new ArrayList<>();
46          // 初始化 s0
47          BigDecimal sum = new BigDecimal(0.0);
48          for (int i = 0; i < cycleLen; i++) {
49              sum = sum.add(y.getValue(i, 0));
50          }
51          BigDecimal s0 = sum.multiply(new BigDecimal(1.0 / cycleLen));
52          s.add(s0);
53          // 初始化 b0
54          sum = new BigDecimal(0.0);
55          for (int i = cycleLen; i < 2 * cycleLen; i++) {
56              sum = sum.add(y.getValue(i, 0).subtract(y.getValue(i -
                cycleLen, 0)));
57          }
58          BigDecimal b0 = sum.multiply(new BigDecimal(1.0 / (cycleLen *
            cycleLen)));
59          b.add(b0);
60          // 初始化 c
```

```
61          for (int i = 0; i < cycleLen; i++) {
62              BigDecimal ci = y.getValue(i, 0).subtract(s.get(0));
63              c.add(ci);
64          }
65          // 初始化 yHat, yHat 对应着公式(10.21)的 y^
66          BigDecimal y0 = s.get(0).add(b.get(0)).add(c.get(0));
67          yHat.add(y0);
68          //估计 yHat
69          for (int i = 0; i < y.getRowNum(); i++) {
70              // 估计 si
71              BigDecimal sLeftTerm = alpha.multiply(y.getValue(i, 0).
                    subtract(c.get(i)));
72              BigDecimal sRightTerm = new BigDecimal(1.0 - alpha.double
                    Value()).multiply(s.get(i).add(b.get(i)));
73              s.add(sLeftTerm.add(sRightTerm));
74              // 估计 bi
75              BigDecimal bLeftTerm = beta.multiply(s.get(i + 1).subtract
                    (s.get(i)));
76              BigDecimal bRightTerm = new BigDecimal(1.0 - beta.double
                    Value()).multiply(b.get(i));
77              b.add(bLeftTerm.add(bRightTerm));
78              // 估计 ci
79              BigDecimal cLeftTerm = gama.multiply(
80                  y.getValue(i, 0).subtract(s.get(i)).subtract(b.get(i)));
81              BigDecimal cRightTerm = new BigDecimal(1.0 - gama.double
                    Value()).multiply(c.get(i));
82              c.add(cLeftTerm.add(cRightTerm));
83              // 接下来估计 yHat, 进行预测
84              yHat.add(s.get(i + 1).add(b.get(i + 1)).add(c.get(i + 1)));
85              if (i == y.getRowNum() - 1) {
86                  for (int j = 2; j <= predictionLen + 1; j++) {
87                      BigDecimal lastTerm = new BigDecimal(j % predictionLen);
88                      yHat.add(s.get(i + 1).add(b.get(i + 1).multiply(new
                            BigDecimal(j))).add(c.get(i + 1)).add(lastTerm));
89                  }
90              }
91          }
92          return yHat;
93      }
94
95      // HoltWintersModelRmseTargetFunction 实现了 TargetFunction 接口
96      // 用于计算针对 HoltWintersModel 的均方误差 RMSE
97      class HoltWintersModelRmseTargetFunction implements TargetFunction {
98          private int cycleLen;
99          public HoltWintersModelRmseTargetFunction(int cycleLen) {
100             this.cycleLen = cycleLen;
101         }
102
103         @Override
104         public BigDecimal fun(Matrix params, Matrix args) {
105             Matrix truthOutput = AlgebraUtil.getColumnVector(args, args.
                    getColNum() - 1);
106             return calcRmse(truthOutput, params);
107         }
```

```
108
109        private BigDecimal calcRmse(Matrix y, Matrix params) {
110            List<BigDecimal> yHat = estimateYHat(y, params, cycleLen, 0);
111            // 这里开始实际计算均方误差 RMSE
112            BigDecimal sum = new BigDecimal(0.0);
113            for (int i = 0; i < y.getRowNum(); i++) {
114                sum = sum.add(y.getValue(i, 0).subtract(yHat.get(i)).
                   pow(2));
115            }
116            BigDecimal rmse = new BigDecimal(Math.sqrt(sum.multiply(new
                   BigDecimal(1.0 / y.getRowNum())).doubleValue()));
117            return rmse;
118        }
119    }
120 }
```

2. Python实现

代码 10.2 给出了 Holt-Winters 模型的实现 holt_winters_model.py。

代码 10.2　holt_winters_model.py

```
1    import numpy as np
2    import py.optimize.genetic_algorithm_optimizer as gao
3    import py.optimize.holt_winters_rmse_function as hwrf
4
5    class HoltWintersModel():
6        def optimize(self, y, cycle_len, epoch_num=10000):
7            boundaries = np.zeros((3, 2))
8            for i in range(boundaries.shape[0]):
9                boundaries[i][0] = 0.0
10               boundaries[i][1] = 1.0
11           optimizer = gao.GeneticAlgorithmOptimizer(boundaries, epoch_num)
12           # 初始化待优化的参数
13           params = np.zeros((1, 3))
14           for i in range(params.shape[0]):
15               params[i][0] = 0.001
16           params = optimizer.optimize(hwrf.HoltWintersRmseFunction
                  (cycle_len), params, y, y, False)
17           return params
18
19       def fittedValue(self, y, params, cycle_len, prediction_len):
20           alpha = params[0]
21           beta = params[1]
22           gama = params[2]
23           s = []
24           b = []
25           c = []
26           yHat = []
27           # 初始化 s0
```

```
28          sum = 0.0
29          for i in range(cycle_len):
30              sum = sum + y[i][0]
31          s0 = sum / cycle_len
32          s.append(s0)
33          # 初始化 b0
34          sum = 0.0
35          for i in range(cycle_len, 2 * cycle_len):
36              sum = sum + (y[i][0] - y[i - cycle_len][0])
37          b0 = sum / (cycle_len * cycle_len)
38          b.append(b0)
39          #初始化 c
40          for i in range(cycle_len):
41              ci = y[i][0] - s[0]
42              c.append(ci)
43          # 初始化 yHat，yHat 对应着公式(10.21)的 y^
44          y0 = s[0] + b[0] + c[0]
45          yHat.append(y0)
46          # 估计 yHat
47          for i in range(y.shape[0]):
48              # 估计 si, bi, ci, yHat
49              s.append(alpha * (y[i][0] - c[i]) + (1 - alpha) * (s[i] + b[i]))
50              b.append(beta * (s[i+1] - s[i]) + (1 - beta) * b[i])
51              c.append(gama * (y[i][0] - s[i]) - b[i] + (1 - gama) * c[i])
52              yHat.append(s[i + 1] + b[i + 1] + c[i + 1])
53              if i == y.shape[0] - 1:
54                  for j in range(2, prediction_len + 2):
55                      yHat.append(s[i + 1] + (b[i + 1] * j) + c[i + 1] + (j %
                          prediction_len))
56          yHat = yHat[1:]
57          yHatMat = np.zeros((len(yHat), 1))
58          for i in range(yHatMat.shape[0]):
59              yHatMat[i][0] = yHat[i]
60          return yHatMat
```

下面给出代码 10.2 中用到的 HoltWintersRmseFunction 类的实现 holt_winters_rmse_function.py。

代码 10.3　holt_winters_rmse_function.py

```
1   import py.optimize.target_function as tf
2   import numpy as np
3
4   class HoltWintersRmseFunction(tf.TargetFunction):
5       def __init__(self, cycle_len):
6           self.cycle_len = cycle_len
7
8       def fun(self, params, args):
```

```
9          y = args[:, -1]
10         alpha = params[0]
11         beta = params[1]
12         gama = params[2]
13         s = []
14         b = []
15         c = []
16         yHat = []
17         # 初始化 s0
18         sum = 0.0
19         for i in range(self.cycle_len):
20             sum = sum + y[i]
21         s0 = sum / self.cycle_len
22         s.append(s0)
23         # 初始化 b0
24         sum = 0.0
25         for i in range(self.cycle_len, 2 * self.cycle_len):
26             sum = sum + (y[i] - y[i - self.cycle_len])
27         b0 = sum / (self.cycle_len * self.cycle_len)
28         b.append(b0)
29         # 初始化 c
30         for i in range(self.cycle_len):
31             ci = y[i] - s[0]
32             c.append(ci)
33         #初始化 yHat, yHat 对应着公式(10.21)的 y^
34         y0 = s[0] + b[0] + c[0]
35         yHat.append(y0)
36         # 估计 yHat
37         for i in range(y.shape[0]):
38             # 估计 si, bi, ci, yHat
39             s.append(alpha * (y[i] - c[i]) + (1 - alpha) * (s[i] + b[i]))
40             b.append(beta * (s[i+1] - s[i]) + (1 - beta) * b[i])
41             c.append(gama * (y[i] - s[i]) - b[i] + (1 - gama) * c[i])
42             yHat.append(s[i + 1] + b[i + 1] + c[i + 1])
43         # 计算均方误差 RMSE
44         sum = 0.0
45         for i in range(y.shape[0]):
46             sum = sum + np.power(y[i] - yHat[i], 2)
47         rmse = np.sqrt(sum / y.shape[0])
48         return rmse
```

10.2.3　示例：时间序列的预测

在有了 Holt-Winters 模型的实现的基础上，我们将编写一个时间序列预测的示例，进一步加深对它的理解。假设有如图 10.1 所示的时间序列数据，该数据表示从 1 月 1 日到

1 月 17 日的某个指标数值，我们将使用 Holt-Winters 模型预测 1 月 18 日到 1 月 20 日的数值。

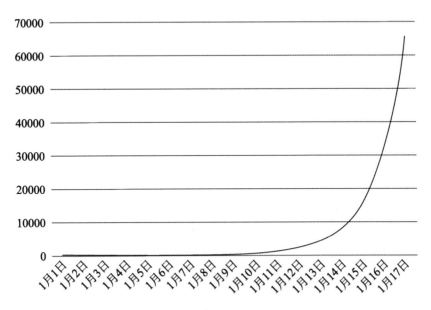

图 10.1　时间序列数据

1. Java实现

代码 10.4 给出了一个使用 HoltWintersModel 进行时间序列预测的示例 HoltWinters-ModelTest。

代码 10.4　HoltWintersModelTest.java

```
1    public class HoltWintersModelTest {
2        @Test
3        public void testHoltWintersModel() {
4            // 设置时间周期为 7
5            int cycleLen = 7;
6            // 构建一个拥有 16 个数据点的时间序列。注意，之所以令矩阵 y 的行数为 17，
7            // 是为了额外存储预测值
8            Matrix y = new Matrix(17, 1);
9            y.setValue(0, 0, 1.0);
10           y.setValue(1, 0, 2.0);
11           y.setValue(2, 0, 4.0);
12           y.setValue(3, 0, 8.0);
13           y.setValue(4, 0, 16.0);
14           y.setValue(5, 0, 32.0);
15           y.setValue(6, 0, 64.0);
16           y.setValue(7, 0, 128.0);
17           y.setValue(8, 0, 256.0);
18           y.setValue(9, 0, 512.0);
```

```
19          y.setValue(10, 0, 1024.0);
20          y.setValue(11, 0, 2048.0);
21          y.setValue(12, 0, 4096.0);
22          y.setValue(13, 0, 8192.0);
23          y.setValue(14, 0, 16384.0);
24          y.setValue(15, 0, 32768.0);
25          y.setValue(16, 0, 65536.0);
26          // 创建 HoltWintersModel
27          HoltWintersModel holtWintersModel = new HoltWintersModel();
28          // 调用 optimize 方法对 HoltWintersModel 的参数进行优化
29          Matrix bestParams = holtWintersModel.optimize(y, new BigDecimal
            (cycleLen), 20);
30          // 调用 fittedValue 方法, 利用优化后的参数对时间序列进行预测
31          Matrix forecastValues = holtWintersModel.fittedValue(y, best
            Params, cycleLen, 3);
32          // 打印预测结果
33          System.out.println(forecastValues);
34      }
35  }
```

2. Python实现

代码 10.5 给出了一个使用 holt_winters_model.py 进行时间序列预测的示例 holt_winters_model_test.py。

代码 10.5　holt_winters_model_test.py

```
1   import numpy as np
2   import py.algorithm.holt_winters_model as hwm
3
4   def test_holt_winters_model():
5       # 设置时间周期为 7
6       cycle_len = 7
7       # 构建一个拥有 16 个数据点的时间序列。注意, 之所以令矩阵 y 的行数为 17, 是为了
         额外存储预测值
8       y = np.zeros((17, 1))
9       y[0][0] = 1.0
10      y[1][0] = 2.0
11      y[2][0] = 4.0
12      y[3][0] = 8.0
13      y[4][0] = 16.0
14      y[5][0] = 32.0
15      y[6][0] = 64.0
16      y[7][0] = 128.0
17      y[8][0] = 256.0
18      y[9][0] = 512.0
19      y[10][0] = 1024.0
20      y[11][0] = 2048.0
21      y[12][0] = 4096.0
22      y[13][0] = 8192.0
23      y[14][0] = 16384.0
24      y[15][0] = 32768.0
25      y[16][0] = 65536.0
```

```
26      # 创建 HoltWintersModel
27      holt_winters_model = hwm.HoltWintersModel()
28      # 调用 optimize 函数对 HoltWintersModel 的参数进行优化
29      best_params = holt_winters_model.optimize(y, cycle_len, 20)
30      # 调用 fittedValue 函数，利用优化后的参数对时间序列进行预测
31      forecast_values = holt_winters_model.fittedValue(y, best_params,
        cycle_len, 3)
32      # 打印预测结果
33      print(list(forecast_values[:, 0]))
34
35  if __name__ == "__main__":
36      test_holt_winters_model()
```

HoltWintersModelTest 类的 testHoltWintersModel 方法是具体的示例方法。该方法首先初始化时间序列数据；然后创建 HoltWintersModel 的实例 holtWintersModel；接着调用 holtWintersModel 的 optimize 方法优化参数；最后调用 fittedValue 方法得到时间序列的预测结果并输出。如下：

18.433853	0.804813	7.639990	16.021006	32.005441
64.000015	-143.271290	523.796012	273.214456	744.965355
1530.057619	3057.719070	6114.476890	12076.567668	24376.462175
49116.431526	97374.369751	129394.653532	161410.937312	193430.221093

由于我们要预测的是 1 月 18 日到 1 月 20 日的数据，即只需要取最后 3 个数即可。通过图表可以更直观地观察到预测的结果，如图 10.2 所示。

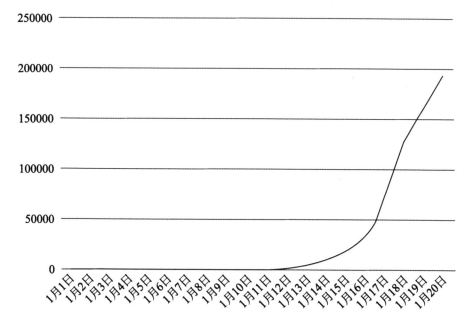

图 10.2　时间序列数据的预测结果

10.3　习　　题

通过下面的习题来检验本章的学习效果。

1．尝试利用 10.2.3 节中的示例对自己的时间序列数据进行预测。

2．10.2.2 节中给出的 Holt-Winters 模型是基于第 6 章中的遗传算法优化器所实现的，尝试改用第 5 章中的最速下降优化器实现。

3．尝试调整优化器的迭代次数，执行示例程序并观察结果的差异。

4．10.2.2 节中只实现了基于累加性的 Holt-Winters 模型，尝试参考 10.2.1 节中的阐述，进一步实现基于累乘性的 Holt-Winters 模型。

第 11 章　降维和特征提取

通过前面章节的学习，我们已经对算法模型有了一定的了解。接下来我们将探讨一类比较特殊的问题，即降维问题。本章首先引出了什么是降维和特征提取，讨论了降维的主要目的，然后学习两种用于降维的模型，即主成分分析模型和自动编码机模型，并且在示例中对两者进行对比。

本章主要涉及以下知识点：

- 降维的概念；
- 主成分分析模型的介绍及其具体实现；
- 自动编码机模型的介绍及其具体实现；
- 降维模型的应用，即通过具体的示例，演示如何使用主成分分析模型和自动编码机模型对数据进行降维。

11.1　降维的目的

降维指的是降低数据本身的特征维度。在解决不同类型问题的过程中，经常需要对原始数据进行降维处理。为什么需要对数据进行降维呢？降维主要是为了达到以下 4 个方面的目的。

- 提取主要特征。在解决分类和回归问题的时候，经常会遇到这样一种情况，即特征的维度非常多，因此，我们希望能够提取出关键的特征，以便于更好地做分类和回归。
- 降低计算、传输和存储成本。过多的特征在涉及计算、传输和存储时，都会带来高昂的成本，降维可以有效地减少特征个数，降低成本，比如图像往往需要进行一定的压缩。
- 可视化分析。人们在对数据进行分析的时候，往往需要借助一些可视化的方式来对数据进行展示，比如通过一些图表来直观地观察数据的分布情况。但超过三维的数据是很难通过图表的形式进行可视化的，因此降维可以减少冗余的特征，以便于进行可视化分析。
- 数据加密。降维的实质是得到一种高维数据到低维数据的映射关系，这种映射关系可以作为数据加密的一种方式，从高维到低维相当于编码的过程，而从低维到高维则相当于解码的过程。

综上所述，降维操作是十分有用而且应用较为广泛的一种数据处理方式。下面将分别介绍两种用于降维的模型：主成分分析模型和自动编码机模型。

11.2　主成分分析模型

本节主要介绍主成分分析模型，首先阐述其用于降维的理论原理和本质，然后基于原理给出对应的实现方式，最后通过一个降维和特征提取的示例进一步说明主成分分析模型的具体用法。

11.2.1　主成分分析方法概述

给定 n 个 m 维样本 $X^{(1)}, X^{(2)}, \cdots, X^{(n)}$，假设我们的目标是将这 n 个样本从 m 维降低到 k 维，并且尽可能保证这种降维的操作不会产生很大的代价（重要信息的丢失）。换句话说，我们要把 n 个样本点从 m 维空间投影到 k 维空间。对于每一个样本点，都可以用下式表示此投影过程。

$$Z = A^{\mathrm{T}}X \tag{11.1}$$

其中，X 是 m 维的样本点，Z 是投影后得到的 k 维样本点，A 是一个 $m \times k$ 的矩阵。

回顾一下，如果采用主成分分析法（PCA）来进行降维，首先要求出样本的均值：

$$u = \frac{1}{n}\sum_{i=1}^{n} X^{(i)} \tag{11.2}$$

再求出散布矩阵（scatter matrix）：

$$S = \sum_{i=1}^{n} (X^{(i)} - u)(X^{(i)} - u)^{\mathrm{T}} \tag{11.3}$$

接着求出散布矩阵 S 前 k 大特征值所对应的特征向量 $s_1, s_2, \cdots, s_k$，然后对 $s_1, s_2, \cdots, s_k$ 这 k 个向量进行单位化，即使得 $\|s_1\|=\|s_2\|=\cdots=\|s_k\|=1$，最后得到式（11.4）中的矩阵 A：

$$A = \begin{bmatrix} s_1 \\ s_2 \\ \vdots \\ s_k \end{bmatrix}_{k \times m} \tag{11.4}$$

为了更直观地从几何上理解式（11.4）的含义，我们以一组二维数据作为例子。在这个例子中，使用 PCA 的方法将这组二维数组降到一维。矩阵 A 所存储的这些特征向量，实际上降维后的是新坐标轴，而在这个例子中，得到的是一个新的一维坐标轴。

如图 11.1 所示，图中的叉点代表二维样本点垂直投影到这个新坐标轴上的点。对于每一个二维空间上的样本点 X，只要将它代入式（11.4）中就可以计算出其降维后的表达（在这个例当中，是一个一维的向量，即一个值）。

$$Z = A^{\mathrm{T}} X = \begin{bmatrix} s_1^{\mathrm{T}} \end{bmatrix} \begin{bmatrix} x_1 \\ x_2 \end{bmatrix} = \begin{bmatrix} s_1 & s_2 \end{bmatrix} \begin{bmatrix} x_1 \\ x_2 \end{bmatrix} = \begin{bmatrix} s_1 x_1 + s_2 x_2 \end{bmatrix} \tag{11.5}$$

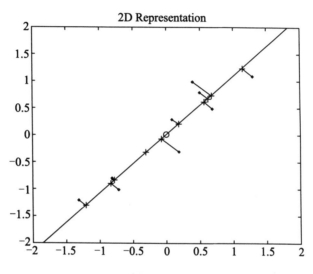

图 11.1　10 个样本点在二维空间上的表达

而式（11.5）算出来的这个值，实际上是这些投影点离原点的距离。因此，可以画出一个数轴来表示这个新的坐标轴，再根据式（11.5）算出来的这些值，在数轴上标出它们的位置，如图 11.2 所示。

这一组样本点降维后所产生的损失，可以通过下式来计算：

$$L = \sum_{i=1}^{n} \left\| X^{(i)} - A A^{\mathrm{T}} X^{(i)} \right\|^2 \tag{11.6}$$

为了理解式（11.6），首先需要理解 $A A^{\mathrm{T}} X^{(i)}$。回顾前面所说的，计算 $A^{\mathrm{T}} X^{(i)}$ 所得到的实际上是样本点在低维空间上的表达（参考图 11.2）。相对而言，$X^{(i)}$ 是样本点在高维空间上的表达。然而，我们知道，不同纬度空间的点是无法做比较的。举例来说，一个在二维空间上的点 (x_1, x_2) 是无法与一个在一维空间上（y_1）的点做比较的，因为它们的纬度不一样（它们所存在的世界不一样，它们不在同一个世界里）。

为了对二个不同纬度的样本点作比较，我们需要将它们放在同一个纬度空间里。一种合理的做法是，将低维空间上的点投影到高维空间，并假设高纬度的值为 0。$A A^{\mathrm{T}} X^{(i)}$ 所做的工作就是把降维后的样本点反投影到高维空间上。以刚刚所举的例子来说，$A^{\mathrm{T}} X^{(i)}$ 是图

11.2 上的叉点，而 $\boldsymbol{A}\boldsymbol{A}^{\mathrm{T}}\boldsymbol{X}^{(i)}$ 实际上是图 11.1 中直线（新坐标轴）上的叉点。

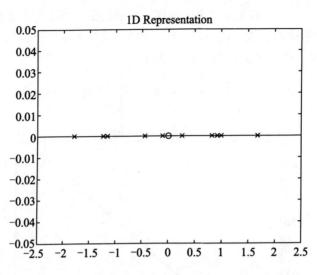

图 11.2　10 个样本点降到一维空间后的表达

值得注意的是，图 11.2 和图 11.1 上的这些叉点是一一对应的，无论在高维空间上还是在低维空间上，它们离原点的距离是不变的（仔细观察图 11.1 和图 11.2 中叉点离原点的距离）。我们仍然可以围绕这个例子，从理论上证明这一点。首先假设其中一个样本点 $\boldsymbol{X}$ 降维后的表达为 $\boldsymbol{Z}=[s_1x_1+s_2x_2]$，那么对它从低维到高维（在此例中，是从一维到二维）的反向投影为

$$\boldsymbol{X}_{\mathrm{approx}} = \boldsymbol{A}\boldsymbol{Z} = \begin{bmatrix} s_1 \\ s_2 \end{bmatrix}[s_1x_1+s_2x_2] = \begin{bmatrix} s_1(s_1x_1+s_2x_2) \\ s_2(s_1x_1+s_2x_2) \end{bmatrix} \tag{11.7}$$

现在，我们来证明式（11.7）中的 $\boldsymbol{X}_{\mathrm{approx}}$ 所表示的就是图 11.1 中的叉点。要证明这一点，需要证明：①$\boldsymbol{X}_{\mathrm{approx}}$ 到原点的距离与 $\boldsymbol{Z}$ 到原点的距离相等，即$\|\boldsymbol{X}\|=\|\boldsymbol{Z}\|$；②$\boldsymbol{X}_{\mathrm{approx}}$ 在高维空间的超平面上（在此例中，高维空间是二维空间，低维空间是一维空间，超平面是一条直线）。

证明①：

$$\begin{aligned}
\|\boldsymbol{X}_{\mathrm{approx}}\| &= \left[s_1(s_1x_1+s_2x_2)\right]^2 + \left[s_2(s_1x_1+s_2x_2)\right]^2 \\
&= s_1^2(s_1x_1+s_2x_2)^2 + s_2^2(s_1x_1+s_2x_2)^2 \\
&= (s_1^2+s_2^2)(s_1x_1+s_2x_2)
\end{aligned} \tag{11.8}$$

由于 s 经过单位化，即$\|s\|=s_1^2+s_2^2=1$，所以$\|\boldsymbol{X}_{\mathrm{approax}}\|=(s_1x_1+s_2x_2)^2=\|\boldsymbol{Z}\|$，证毕。

证明②：首先要得到超平面的一般表达式，而要得到超平面的一般表达式，就要计算出超平面所对应的法向量 $\boldsymbol{n}$。在此例中，法向量满足 $\boldsymbol{n}^{\mathrm{T}}s=0$，其中 $s^{\mathrm{T}}=[s_1, s_2]$。可以得到

$n=[-s_2/s_1, 1]$，则超平面的一般表达式为 $(-s_2/s_1)x_1+x_2=0$。将 $X_{approx}^T=[s_1(s_1x_1+s_2x_2),$ $s_2(s_1x_1+s_2x_2)]$ 代入 $(-s_2/s_1)x_1+x_2$，得到 $(-s_2/s_1)\times s_1(s_1x_1+s_2x_2)+s_2(s_1x_1+s_2x_2)=-s_2(s_1x_1+s_2x_2)+s_2$ $(s_1x_1+s_2x_2)=0$，即对于任意的 X_{approx}，都在超平面上，证毕。

回到式（11.6）当中，L 所计算的是每个样本点在高维空间投影到低维空间后的距离总和。

11.2.2　主成分分析模型的实现

下面我们根据上一节所阐述的理论实现主成分分析模型。

1. Java实现

代码 11.1 给出了主成分分析模型的实现类 PcaModel。

代码 11.1　PcaModel.java

```
1    public class PcaModel {
2
3        // 均值向量 u
4        private Matrix u;
5
6        //散布矩阵 S
7        private Matrix s;
8
9        // 投影矩阵 A
10       private Matrix a;
11
12       public void train(Matrix[] x, int dimension) {
13           int n = x.length;
14           int m = x[0].getRowNum();
15           // 步骤 1. 计算均值向量
16           Matrix input = new Matrix(n, m);
17           for (int i = 0; i < n; i++) {
18               for (int j = 0; j < m; j++) {
19                   input.setValue(i, j, x[i].getValue(j, 0));
20               }
21           }
22           u = transpose(mean(input, 0));
23           // 步骤 2. 计算散列矩阵
24           s = new Matrix(m, m);
25           for (int i = 0; i < n; i++) {
26               Matrix temp = multiply(subtract(x[i], u), transpose(subtract
                     (x[i], u)));
27               s = add(s, temp);
28           }
29           // 步骤 3. 计算投影矩阵 A
30           Matrix[] eigenvaluesAndEigenVectors = eigen(s);
31           Matrix eigenValues = eigenvaluesAndEigenVectors[0];
32           Matrix eigenVectors = eigenvaluesAndEigenVectors[1];
33           a = new Matrix(m, dimension);
34           for (int i = 0; i < dimension; i++) {
```

```
35              Matrix eigenVector = getColumnVector(eigenVectors, i);
36              Matrix unitizedEigenVector = unitize(eigenVector);
37              a = setColumnVector(a, i, unitizedEigenVector);
38          }
39      }
40      // encode 方法是公式(11.1)的实现
41      public Matrix encode(Matrix x) {
42          Matrix z = multiply(transpose(a), x);
43          return z;
44      }
45  }
```

2. Python实现

代码 11.2 给出了主成分分析模型的实现 pca_model.py。

代码 11.2　pca_model.py

```
1   import numpy as np
2   import py.algebra.albebra_util as au
3
4   class PcaModel():
5       def train(self, samples, dimension):
6           n = len(samples)
7           m = samples[0].shape[0]
8           input = np.zeros((n, m))
9           for i in range(n):
10              for j in range(m):
11                  input[i][j] = samples[i][j, 0]
12          # 步骤 1. 计算均值向量 u
13          self.u = au.mean(input, 0)
14          #步骤 2. 计算散布矩阵 S
15          self.s = np.zeros((m, m))
16          for i in range(n):
17              x = input[i]
18              temp = np.dot(np.subtract(x, self.u), np.transpose(np.subtract
                    (x, self.u)))
19              self.s = np.add(self.s, temp)
20          # 步骤 3. 计算投影矩阵 A
21          self.a = np.zeros((m, dimension))
22          eigenvalues, eigenvectors = au.eigen(self.s)
23          for i in range(dimension):
24              self.a[:, i] = eigenvectors[:, i]
25
26      # encode 函数是公式(11.1)的实现
27      def encode(self, x):
28          z = np.dot(np.transpose(self.a), x)
29          return z
```

pca_model.py 中的 PcaModel 类是 PCA 模型的实现类，它包含两个主要的函数，分别是 train 和 encode。train 函数根据输入的样本矩阵 sample 和指定的维度 dimension 计算投影矩阵 A。该计算过程主要分为三步：

（1）计算均值向量 u。

（2）利用均值向量 **u** 计算散布矩阵 **S**。

（3）根据散布矩阵 **S** 计算投影矩阵 **A**。

encode 函数利用 train 函数计算得到的投影矩阵 **A**，将输入的高维矩阵 **x** 投影到低维，从而得到 **Z** 矩阵并返回。

11.2.3　示例：降维提取主要特征

在有了主成分分析模型的实现的基础上，我们将编写一个降维的示例进一步地加深对它的理解。我们将会对一个关于信用卡记录的数据集 cc_general.csv 进行降维处理，该数据集的内容如下：

```
C10001,40.900749,0.818182,95.4,0,95.4,0,0.166667,0,0.083333,0,0,2,1000,
201.802084,139.509787,0,12
C10002,3202.467416,0.909091,0,0,0,6442.945483,0,0,0,0.25,4,0,7000,4103.
032597,1072.340217,0.222222,12
C10003,2495.148862,1,773.17,773.17,0,0,1,1,0,0,0,12,7500,622.066742,627
.284787,0,12
C10004,1666.670542,0.636364,1499,1499,0,205.788017,0.083333,0.083333,0,
0.083333,1,1,7500,0,,0,12
...
```

该数据集记录了所有客户的信用卡情况，一共有 18 个字段，分别表示客户 ID、余额、余额频率、购买、一次性购买、分期购买、预付现金、购买频率、一次性购买频率、购买分期付款频率、预付现金频率、购买次数、信用额度、付款、最低付款额、全额付款比例、使用期限。我们注意到，除了客户 ID 以外的字段都可以看作特征，接下来利用主成分分析模型对该数据集的这 17 个维度特征进行降维处理。

1. Java实现

代码 11.3 给出一个使用 PcaModel 进行降维的示例 PcaModelTest。

代码 11.3　PcaModelTest.java

```
1   public class PcaModelTest {
2     private Matrix[] readRecords() throws Exception {
3       String rootPath = this.getClass().getResource("").getPath() +
        "../../";
4       String fileName = "cc_general.csv";
5       Scanner scanner = new Scanner(new File(rootPath, fileName));
6       // 读取 CSV 数据文件，这里跳过第 1 行，因为第 1 行是字段名
7       scanner.nextLine();
8       List<Matrix> inputList = new ArrayList<>();
9       int number = 1;
10      while (scanner.hasNextLine()) {
```

```
11          System.out.println("Row #" + number + " Read");
12          String row = scanner.nextLine();
13          String[] field = row.split(",");
14          Matrix input = new Matrix(field.length - 1, 1);
15          // 这里忽略了第 1 列, 因为第 1 列是客户 ID, 意义不大
16          for (int i = 1; i < field.length; i++) {
17              if (null == field[i] || "".equals(field[i])) {
18                  field[i] = "0.0";
19              }
20              double value = Double.parseDouble(field[i]);
21              input.setValue(i-1, 0, value);
22          }
23          inputList.add(input);
24          number++;
25      }
26      // 将数据封装成矩阵 Matrix1 对象
27      Matrix mat = new Matrix(inputList.size(), inputList.get(0).get
            RowNum());
28      for (int r = 0; r < inputList.size(); r++) {
29          for (int c = 0; c < inputList.get(0).getRowNum(); c++) {
30              mat.setValue(r, c, inputList.get(r).getValue(c, 0));
31          }
32      }
33      // 对矩阵进行归一化处理
34      mat = AlgebraUtil.normalize(mat, 0);
35      // convert the normalized matrix to array
36      Matrix[] inputs = new Matrix[mat.getRowNum()];
37      for (int i = 0; i < inputs.length; i++) {
38          inputs[i] = AlgebraUtil.transpose(AlgebraUtil.getRowVector
            (mat, i));
39      }
40      return inputs;
41  }
42
43  @Test
44  public void testPcaModel() throws Exception {
45      // 读取数据
46      Matrix[] samples = readRecords();
47      // 创建并训练主成分分析模型
48      PcaModel pcaModel = new PcaModel();
49      pcaModel.train(samples, 2);
50      // 对数据进行降维
51      for (Matrix x : samples) {
52          Matrix z = pcaModel.encode(x);
53          System.out.println(z);
54      }
55  }
56 }
```

PcaModelTest 类的 testPcaModel() 方法是具体的示例方法，该方法首先调用 readRecords 方法读取文件获取数据，将数据封装成 Matrix 的数组类型，数组中的每个元素 Matrix 表示数据集中每行记录的后 17 个字段；然后创建 PcaModel 的实例，最后调用 PcaModel 的 encode 方法，得到降维后的结果并输出，如下：

```
0.289191 -0.309354
0.162769 -0.387522
1.075849 -1.327876
0.182717 -0.401245
0.217001 -0.459993
0.972803 -0.202404
1.935029 -0.836383
...
```

从结果中能看出原始数据经过降维后，输出的特征值只有 2 个。

2．Python实现

代码 11.4 给出了一个使用 pca_model.py 进行降维的示例 pca_model_test.py。

代码 11.4　pca_model_test.py

```
1    import os
2    import numpy as np
3    import py.algorithm.pca_model as pca
4    import py.algebra.albebra_util as au
5
6    def read_records():
7        # 读取数据
8        file_path = os.getcwd() + "/../../src/main/resources/cc_general_
         pended.csv"
9        x = np.loadtxt(file_path, delimiter=",", skiprows=(1), usecols=(1,
         2, 3, 4, 5, 6, 7, 8, 9, 10, 11, 12, 13, 14, 15, 16, 17), unpack=True)
10       x = np.transpose(x)
11       # 对数据进行归一化处理
12       x = au.normalize(x, 0)
13       # 对数据的输入格式进行预处理
14       inputs = []
15       for i in range(x.shape[0]):
16           input = np.zeros((x.shape[1], 1))
17           input[:, 0] = np.transpose(x[i, :])
18           inputs.append(input)
19       return inputs
20
21   def test_pca_model():
22       inputs = read_records()
23       # 创建主成分分析模型
24       pca_model = pca.PcaModel()
```

```
25        # 训练主成分分析模型
26        pca_model.train(inputs, 2)
27        # 对数据进行降维
28        for i in range(len(inputs)):
29            encoded_input = pca_model.encode(inputs[i])
30            print(encoded_input)
31
32    if __name__ == "__main__":
33        test_auto_encoder_model()
```

pca_model_test.py 的 test_pca_model()方法是具体的示例方法，该方法首先调用 read_records 方法读取文件获取数据；然后创建 PcaModel 的实例 pca_model，最后调用 pca_model 的 encode 方法，得到降维后的结果并输出，如下：

```
[[0.51447618]
 [0.70822795]]
[[0.71878232]
 [0.75845986]]
[[1.08407468]
 [0.75273185]]
[[0.55267502]
 [0.51579148]]
...
```

从结果中能看出原始数据经过降维后，输出的特征值只有 2 个。

11.3　自动编码机模型

上一节介绍的主成分分析模型是一种较为经典的降维方法，本节介绍另一种降维方法。

11.3.1　非线性的主成分分析

主成分分析的实质是对输入的高维数据通过线性映射的方式投影到低维，但这种线性的映射方式并不一定在所有的场景下都能达到较好的效果，有时候高维数据和降维后的低维数据之间往往呈现出非线性的关系，此时需要引入一种能够实现非线性映射的模型。

多层神经网络模型可以学习出复杂的非线性关系，如图 11.3 所示，如果能够学习到合适的参数，使得输入 X 经过网络的前馈运算后能够得到一个较好的 Y，那么这个网络本身就能实现这种非线性的主成分分析，而与之对应的是 11.2 节所阐述的线性的主成分分析。因此，关键在于如何通过训练学习到合适的网络参数，而自动编码机正是有效解决这个问题的模型，我们接下来将进一步展开讨论。

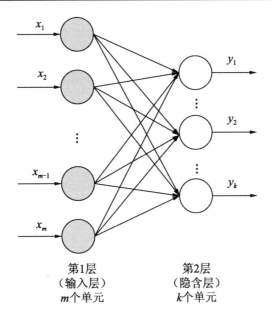

第1层
（输入层）
m个单元

第2层
（隐含层）
k个单元

图 11.3　非线性主成分分析的网络结构

11.3.2　自动编码机原理概述

自动编码机，顾名思义是可以自动地实现编码的一种模型。所谓的编码，就是对原有的输入信号或变量进行压缩编码。虽然看起来有点复杂，但实际上原理是十分简明直接的，它利用了第 8 章所学习的多层神经网络，是一种特殊的神经网络结构。如图 11.4 所示是一个 3 层神经网络结构。因为多层神经网络属于有监督学习模型，所以一般来说，训练神经网络模型需要一组包含输入及其对应标签的训练样本。而图 11.4 这个神经网络比较特殊，它的训练样本里面标签跟输入一样都为 X。

图 11.4 的训练误差可以表示成：

$$L=\frac{1}{N}\sum_{i=1}^{n}(G(Y^{<i>})-X^{<i>})^2 \tag{11.9}$$

其中，$Y=F(X)$为第 2 层的网络的输出。此时可以将 Y 看作为对 X 降维后的特征向量，而函数 F 的作用则为对 X 进行降维。再观察上式，我们可以这样理解，函数 G 的作用是对降维后的 Y 重新解码映射回 X，而 L 表示的是降维后的 Y 重新映射回 X 的误差，因此明显地，如果 L 越小，表示降维后的 Y 保留了 X 越多的信息。极端情况下，当 $L=0$ 时，Y 保留了 X 全部的信息，表示这样的降维表达非常有效。下面让我们来具体实现自动编码机模型。

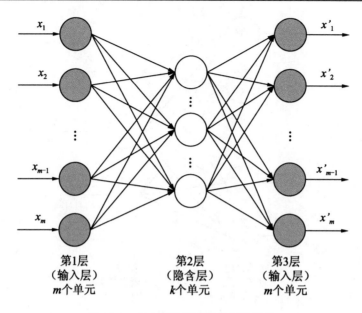

图 11.4 自动编码机模型的网络结构

11.3.3 自动编码机模型的实现

由于自动编码机本质上是一种特殊的神经网络，所以在实现上也自然地基于多层神经网络，在第 8 章 NeuralNetworkModel 类的基础上，只需要构造满足自动编码机结构的神经网络即可。

1. Java实现

代码 11.5 给出了自动编码机模型的实现类 AutoEncoderModel。

代码 11.5 AutoEncoderModel.java

```
1   public class AutoEncoderModel {
2       private FastNeuralNetworkModel neuralNetworkModel;
3       public void train(Matrix[] samples) {
4           int dimension = samples[0].getRowNum();
5           // 这里做了一个简单的判断，当数据的维度大于 2 时，降维后维度将减少一半否则
                降维后的数据为 1 维
6           int compressedDimension = dimension / 2 > 0 ? dimension / 2 : 1;
7           // 创建自动编码机模型。注意，它其实是一个特殊的神经网络，所以可以直接使用
                第 8 章介绍的神经网络模型
8           neuralNetworkModel = new FastNeuralNetworkModel(dimension,
9               compressedDimension, dimension);
10          // 训练自动编码机模型
11          neuralNetworkModel.train(samples, samples);
12      }
```

```
13
14        // encode 方法的作用是使用自动编码机进行降维，在自动编码机模型被训练好之后
15        // 直接使用其神经网络的前馈运算就可以得到降维后的结果
16        public Matrix encode(Matrix x) {
17            neuralNetworkModel.forward(x);
18            Matrix[] outputOfAllLayers = neuralNetworkModel.getOutputMat();
19            Matrix output = outputOfAllLayers[1];
20            return output;
21        }
22    }
```

2．Python实现

代码 11.6 给出了自动编码机模型的实现 auto_encoder_model.py。

代码 11.6　auto_encoder_model.py

```
1    import numpy as np
2    import py.algorithm.neural_network_model as nn
3
4    class AutoEncoder():
5
6        deftrain(self, samples):
7            # 这里做了一个简单的判断，当数据的维度大于 2 时，降维后维度将减少一半，
8            # 否则降维后的数据为一维
9            dimension = samples[0].shape[0]
10           compressed_dimension = int(np.ceil(dimension / 2))
11           if compressed_dimension <= 0:
12               compressed_dimension = 1
13           # 创建自动编码机模型。注意，它其实是一个特殊的神经网络，所以可以直接使用
                 第 8 章介绍的神经网络模型
14           self.neural_network_model = nn.NeuralNetworkModel(np.array
                 ([dimension,
15               compressed_dimension, dimension]))
16           # 训练自动编码机模型
17           self.neural_network_model.train(samples, samples)
18       # encode 函数的作用是使用自动编码机进行降维，在自动编码机模型被训练好之后，
             直接使用其神经网络的前馈运算就可以得到降维后的结果
19       def encode(self, x):
20           self.neural_network_model.forward(x)
21           output_of_all_layers = self.neural_network_model.output_mat
22           output = output_of_all_layers[1]
23           return output
```

11.3.4　示例：对比主成分分析

下面使用自动编码机模型对 cc_general.csv 数据集中的记录进行降维处理，观察其结果。

1．Java实现

代码 11.7 中的单元测试类 GmmModelTest 给出了一个使用 GMM 的示例。

代码 11.7　GmmModelTest.java

```java
1    public class AutoEncoderModelTest {
2        private Matrix[] readRecords() throws Exception {
3            // 从文件中读取数据
4            String rootPath = this.getClass().getResource("").getPath() +
             "../../";
5            String fileName = "cc_general.csv";
6            Scanner scanner = new Scanner(new File(rootPath, fileName));
7            // 忽略第 1 行, 因为第 1 行是字段名信息
8            scanner.nextLine();
9            List<Matrix> inputList = new ArrayList<>();
10           int number = 1;
11           while (scanner.hasNextLine()) {
12               System.out.println("Row #" + number + " Read");
13               String row = scanner.nextLine();
14               String[] field = row.split(",");
15               Matrix input = new Matrix(field.length - 1, 1);
16               // 忽略第 1 列, 因为第 1 列是客户 ID, 意义不大
17               for (int i = 1; i < field.length; i++) {
18                   if (null == field[i] || "".equals(field[i])) {
19                       field[i] = "0.0";
20                   }
21                   double value = Double.parseDouble(field[i]);
22                   input.setValue(i-1, 0, value);
23               }
24               inputList.add(input);
25               number++;
26           }
27           // 将数据转换为矩阵 Matrix 对象
28           Matrix mat = new Matrix(inputList.size(), inputList.get(0).get
             RowNum());
29           for (int r = 0; r < inputList.size(); r++) {
30               for (int c = 0; c < inputList.get(0).getRowNum(); c++) {
31                   mat.setValue(r, c, inputList.get(r).getValue(c, 0));
32               }
33           }
34           // 对矩阵进行归一化处理
35           mat = AlgebraUtil.normalize(mat, 0);
36           // 将矩阵转换成矩阵数组, 数组中的每个元素是原矩阵中的行向量
37           Matrix[] inputs = new Matrix[mat.getRowNum()];
38           for (int i = 0; i < inputs.length; i++) {
39               inputs[i] = AlgebraUtil.getRowVector(mat, i);
40           }
41           return inputs;
42       }
43
44       @Test
45       public void testAutoEncoderModel() throws Exception {
46           // 读取数据
47           Matrix[] inputs = readRecords();
48           // 创建自动编码机模型
49           AutoEncoderModel autoEncoder = new AutoEncoderModel();
50           // 训练自动编码机
```

```
51        autoEncoder.train(inputs);
52        Matrix[] encoded_inputs = new Matrix[inputs.length];
53        // 使用训练后的自动编码机模型对数据进行降维
54        for (int i = 0; i < inputs.length; i++) {
55            Matrix encoded_input = autoEncoder.encode(inputs[i]);
56            encoded_inputs[i] = encoded_input;
57            System.out.println(encoded_input);
58        }
59    }
60  }
```

2. Python实现

代码 11.8 给出了 auto_encoder_model.py 的使用示例 auto_encoder_model_test.py。

代码 11.8　auto_encoder_model_test.py

```
1   import os
2   import numpy as np
3   import py.algorithm.auto_encoder_model as ae
4   import py.algebra.albebra_util as au
5
6   def read_records():
7       # 从文件中读取数据
8       file_path = os.getcwd() + "/../../src/main/resources/cc_general_
        pended.csv"
9       x = np.loadtxt(file_path, delimiter=",", skiprows=(1), usecols=(1,
        2, 3, 4, 5, 6, 7, 8, 9, 10, 11, 12, 13, 14, 15, 16, 17), unpack=True)
10      x = np.transpose(x)
11      # 对数据进行归一化处理
12      x = au.normalize(x, 0)
13      # 对数据格式进行预处理
14      inputs = []
15      for i in range(x.shape[0]):
16          input = np.zeros((x.shape[1], 1))
17          input[:, 0] = np.transpose(x[i, :])
18          inputs.append(input)
19      return inputs
20
21  def test_auto_encoder_model():
22      # 读取数据
23      inputs = read_records()
24      # 创建自动编码机模型
25      auto_encoder = ae.AutoEncoder()
26      # 训练自动编码机模型
27      auto_encoder.train(inputs)
28      # 使用训练后的自动编码机模型对数据进行降维
29      for i in range(len(inputs)):
30          encoded_input = auto_encoder.encode(inputs[i])
31          print(encoded_input)
32
33  if __name__ == "__main__":
34      test_auto_encoder_model()
35
```

代码中首先读取文件获取数据，并调用 normalize 方法对数值进行归一化处理，使其取值范围为[0,1]，同时将数据转换为 Matrix[]格式，然后创建 AutoEncoderModel 的实例，并调用 train 方法训练模型，最后调用 encode 方法对数据的每条记录进行降维，输出结果如下：

```
0.374840 0.873799 0.632495 0.544377 0.316695 0.467257 0.954192 0.996499
0.245661 0.739142 0.439083 0.373507 0.561937 0.624607 0.954277 0.994822
0.300077 0.459912 0.725758 0.311784 0.500472 0.424917 0.977614 0.996669
0.180880 0.275069 0.389838 0.710267 0.664322 0.377790 0.929265 0.994360
...
```

从结果中能看出原始数据经过降维后，输出的特征值只有 8 个。

11.4　习　　题

通过下面的习题来检验本章的学习效果。

1．尝试修改示例程序，使得在训练时输出误差，然后调整降维后的维度个数 k，执行程序，观察 k 变化时误差的相应变化，并对比在两种模型下降维的误差。

2．尝试调整降维后的维度个数 k，使得 $k=2$，然后执行程序，并将输出的结果可视化成散点图。

3．尝试编写一个新的模型来对数据进行降维，这个新的模型分别使用主成分分析和自动编码机对数据进行降维，然后使用误差较小的结果作为输出。

4．思考一下，如何将降维和第 9 章中学习的聚类结合起来？

第 5 篇
业务功能层

第 12 章　时间序列异常检测

本章将探讨一种较为常用的功能服务，即时间序列异常检测。首先介绍时间序列异常检测的应用场景；然后阐述时间序列异常检测的基本原理；接下来给出时间序列异常检测功能服务的具体实现；最后通过具体的示例，演示如何判断时间序列的异常数据。

12.1　时间序列异常检测的应用场景

时间序列是一种非常常见的数据类型，例如某个产品每个月的销量数据、计算机的 CPU 每分钟的占用率数据、某个地区一个月的气温变化、某只股票的股价走势等，这些都属于时间序列。而我们往往需要及时地监控这些指标，当销量突然下降时，应该要及时发现并找出背后的原因。当计算机的 CPU 占用率突然大幅升高时，应该能发现并避免系统故障；当气温骤降时应该要注意添衣；股价有变动时应该及时做出相应的策略应对。因此，能够及时地发现时间序列中的异常情况显得尤为重要，这就要求我们对新时间戳上的数据进行分析，判断它相对于以往的数据而言是否异常。

如果要用数学语言来表达，那么时间序列正如式（12.1）中的 Y，而式（12.2）中的函数 $g(\cdot)$ 则用于根据 $y_0, y_1, \cdots, y_t$ 判断 y_{t+1} 是否存在异常。

$$Y = \{y_0, y_1, \cdots, y_t, y_{t+1}\} \tag{12.1}$$
$$g(y_{t+1}; y_0, y_1, \cdots, y_t) \tag{12.2}$$

因此，问题的关键就在于找到一个合适的 $g(\cdot)$，使得它能够准确地判断出异常。下面我们将介绍一种有效的时间序列异常检测方法，即一种具体的 $g(\cdot)$ 表达形式。

12.2　时间序列异常检测的基本原理

经过第 10 章的学习可以知道，采用 Holt-Winters 模型可以根据时间序列的历史数据预测出下一个时间节点的数值，既然可以预测出下一个节点的数值，就相当于隐性地给下一个节点的数值划定了一个范围。换句话说，只要计算出范围之后，就可以根据范围来判

断数值是否异常，超出范围的数值是异常点。因此，计算出范围是个关键的步骤，下面来
看看如何计算出这个范围。

12.2.1　基于预测的时间序列异常检测

设预测出来的数值为 p，那么用通俗的话讲，下一个节点的数值应该会在 p 左右，而
不应该偏离 p 太多。换句话说，如果下一个节点的真实值为 y_{t+1}，那么理想情况下应该有
$y_{t+1} \approx p$。然而约等于是一个模糊的概念，为了更进一步地描述这个问题，我们用以下式子
来表示：

$$p-\alpha \leqslant y_{t+1} \leqslant p+\alpha \qquad (12.3)$$

其中，α 是一个待定的阈值，当 y_{t+1} 不满足式（12.3）时则属于异常数值。由此可见，
$p-\alpha$ 和 $p+\alpha$ 分别是正常值范围的下界和上界。为了更直观地理解式（12.3），我们用以下
这组数据为例进行说明，如图 12.1 所示。

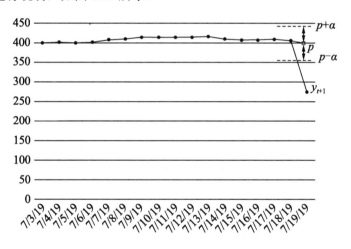

图 12.1　时间序列异常检测示例

如图 12.1 所示，2019/7/19 的预测值用小方块表示，数值为 p；而真实值用小圆点表
示，数值为 y_{t+1}；两条虚线分别表示上下界。由于真实值 $y_{t+1} < p-\alpha$，即真实值低于下界，
因此该数值属于异常数值。在已知 $y_0, y_1, \cdots, y_t$ 的情况下，可以采用第 10 章中的 Holt-Winters
模型估计出 p。但 α 应该如何确定呢？12.2.2 节将进一步讨论阈值的估计问题。

12.2.2　阈值的估计

在式（12.3）中，唯一未知的是 α，如果能够找到一种方法估计出一个合适的 α，那

么上界和下界的阈值（$p-\alpha$ 和 $p+\alpha$）也就确定了。为了解决这个问题，先来思考一下，如果历史的数值一直是固定为某个数，比如 20，那么我们一般会认为下一个时间节点也应该是 20，不应该偏离 20 这个值，偏离 20 就是异常情况。更进一步地，如果历史出现过的数值在 15 到 25 之间，那么我们一般会认为下一个时间节点的数值也应该会在这个区间范围，如果超出这个区间范围太多的话，就是异常情况。

　　由此可见，历史数据的波动范围是影响 α 的一个很重要的因素。但如何公式化地描述这个波动范围？也许有人会想到用历史数值的最大值和最小值来表示这个波动范围，但历史数据有可能会出现 $y_0=100$，之后的 y_1 到 y_t 都在 15 到 25 之间，那么此时将波动范围表示为[15, 100]显然不合适。相对而言，标准差这个统计量则更加合适，标准差评估了一组数据的离散程度，因此可以设 $\alpha=k\sigma$，其中 σ 是 $y_0, y_1, \cdots, y_t, p$ 的标准差，k 是常量，一般取 $k=3$。至此，结合式（12.1）、（12.2）和（12.3），可以得出一套完整的基于 Holt-Winters 模型的时间序列检测方法。

12.3　时间序列异常检测功能服务的实现

下面我们根据上一节所阐述的理论实现时间序列异常检测服务。

1. Java实现

代码 12.1 给出了时间序列异常检测服务的实现类 AnomalyDetector。

代码 12.1　AnomalyDetector.java

```
1   public class AnomalyDetector {
2       // 创建 HoltWinters 模型，用于实现时间序列的异常检测
3       private HoltWintersModel holtWintersModel = new HoltWintersModel();
4       // 这里设置了默认的时间周期为 7
5       private final int CYCLE_LEN = 7;
6
7       // detectAnomaly 方法用于实现时间序列异常检测，接受参数 y 和 yNext
8       // y 是时间序列，yNext 用于检测异常的时间节点上的数值，即对应 12.2.1 节中的
          yt+1
9       public boolean detectAnomaly(List<Double> y, double yNext) {
10          // 将输入 y 封装成矩阵 Matrix 对象
11          Matrix yMat = new Matrix(y.size(), 1);
12          for (int i = 0; i < yMat.getRowNum(); i++) {
13              yMat.setValue(i, 0, y.get(i));
14          }
15          // 利用 HoltWinters 模型根据时间序列 y 预测下一个节点的数值 yHat，对应
              12.2.1 中的 p
16          Matrix optimizedParams = holtWintersModel.optimize(yMat, CYCLE_
              LEN);
```

```
17        Matrix yHat = holtWintersModel.fittedValue(yMat, optimizedParams,
          CYCLE_LEN, 1);
18        double predictedValue = yHat.getValue(yHat.getRowNum() - 1, 0).
          doubleValue();
19        // 计算出异常范围的上界和下界，对应公式(12.3)
20        Matrix sigma = AlgebraUtil.covariance(yMat);
21        double sigmaValue = sigma.getValue(0, 0).doubleValue();
22        double upperBound = predictedValue + 3 * sigmaValue;
23        double lowerBound = predictedValue - 3 * sigmaValue;
24        // 当 yNext 超出范围时，判断为有异常，否则就认为是正常
25        if (yNext > upperBound || yNext < lowerBound) {
26            return true;
27        } else {
28            return false;
29        }
30    }
31
32 }
```

2．Python实现

代码 12.2 给出了时间序列异常检测的实现示例 anomaly_detector.py。

代码 12.2　annomaly_detector.py

```
1  import numpy as np
2  import py.algebra.albebra_util as au
3  import py.algorithm.holt_winters_model as hwm
4
5  class AnomalyDetector():
6
7      def __init__(self):
8          self.epoch_num = 20
9          self.cycle_len = 7
10
11     # detect_anomaly 函数用于实现时间序列的异常检测，接受参数 y 和 y_next
12     # y 是时间序列，y_next 用于检测异常的时间节点上的数值，即对应 12.2.1 节中的 yt+1
13     def detect_anomaly(self, y, y_next):
14         # 将输入 y 封装成矩阵
15         y_mat = np.zeros((len(y), 1))
16         for i in range(y_mat.shape[0]):
17             y_mat[i][0] = y[i]
18         # 利用 HoltWinters 模型预测时间序列的下一个节点的数值 y_hat，对应 12.2.1
                节中的 p
19         holt_winters_model = hwm.HoltWintersModel()
20         optimized_params = holt_winters_model.optimize(y_mat, self.
               cycle_len, self.epoch_num)
21         y_hat = holt_winters_model.fittedValue(y_mat, optimized_params,
               self.cycle_len, 1)
22         predicted_value = y_hat[-1]
23         # 计算异常范围的上界和下界
24         sigma = np.var(y_mat, 0)
25         upperBound = predicted_value + 3 * sigma
26         lowerBound = predicted_value - 3 * sigma
```

```
27          #超出范围时，判断为有异常，否则就认为是正常
28          if (y_next > upperBound or y_next < lowerBound):
29              return True
30          else:
31              return False
```

12.4　应用实例：找出数据中的异常记录

上一节介绍了时间序列异常检测的具体实现。本节将利用上节实现的结果，来对图 12.1 中的示例数据进行时间序列异常检测。

1．Java实现

代码 12.3 中的单元测试类 AnomalyDetectorTest 给出了一个时间序列异常检测的示例。

代码 12.3　AnomalyDetectorTest.java

```
1   public class AnomalyDetectorTest {
2       @Test
3       public void testAnomalyDetection() {
4           // 构建一个时间序列
5           Double[] y = new Double[]{400.0, 401.68, 399.395, 401.22, 407.21,
            410.25, 414.31, 414.63, 414.84, 414.56,415.62, 409.79, 407.86,
6           407.53, 409.67, 405.5};
7           List<Double> yAsList = Arrays.asList(y);
8           // 创建 AnomalyDetector 对象，用于对时间序列进行异常检测
9           AnomalyDetector anomalyDetector = new AnomalyDetector();
10          // 调用 detectAnomaly 方法进行异常检测
11          boolean anomaly = anomalyDetector.detectAnomaly(yAsList, 275.05);
12          // 打印结果
13          System.out.println(anomaly);
14      }
15  }
```

2．Python实现

代码 12.4 给出了 anomaly_detector.py 的使用示例 test_detect_anomaly。

代码 12.4　anomaly_detector_test.py

```
1   import numpy as np
2   import py.service.anomaly_detector as detector
3
4   def test_detect_anomaly():
5       # 构造时间序列
6       y = [400.0, 401.68, 399.395, 401.22, 407.21, 410.25, 414.31, 414.63,
        414.84, 414.56, 415.62, 409.79, 407.86, 407.53, 409.67, 405.5]
7       # 创建 AnomalyDetector 对象，用于对时间序列进行异常检测
8       anomaly_detector = detector.AnomalyDetector()
```

```
9        # 调用 detect_anomaly 方法进行异常检测
10       anomaly = anomaly_detector.detect_anomaly(y, 275.05)
11       # 打印结果
12       print(anomaly)
13
14   if __name__ == "__main__":
15       test_detect_anomaly()
```

运行上面的示例代码，经过一场检测后输出结果如下，得出 275.05 是异常数据的结论。

true

12.5 习　　题

通过下面的习题来检验本章的学习效果。

1. 尝试使用自己的时间序列数据来进行异常检测。

2. 尝试改变 α，使得 $\alpha=2\sigma$ 和 $\alpha=\sigma$，比较并体会与 $\alpha=3\sigma$ 的差别。

3. 尝试用别的方式来确定数值正常范围的下界和上界。

4. 当时间序列的长度 L 很大时，计算标准差 σ 时会比较耗时，此时可以只计算 $y_t, y_{t-1}, \cdots,$ y_{t-n+1} 的标准差 σ。尝试修改 12.3 节的实现，当 L 很大时，采用这种方式计算 σ。

第 13 章　离群点检测

本章我们将探讨另一种较为常用的功能服务，即离群点检测。首先介绍离群点检测的应用场景，然后阐述离群点检测的基本原理，接下来给出离群点功能服务的具体实现，最后通过具体示例，演示如何使用离群点检测，找出数据中的异常记录。

13.1　离群点检测的应用场景

离群点检测是数据分析中的一项日常工作。数据分析师往往需要从数据中找出异常的数据项。如图 13.1 所示的统计图是关于某款产品在各城市的销量统计图。

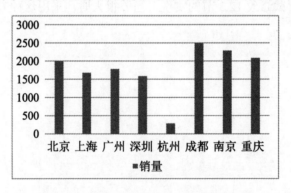

图 13.1　某款产品在各城市的销量统计图

分析师通过对图表进行观察分析，发现杭州的销量相较于其他城市更低，因此可能会进一步跟进杭州的销售部门是否存在一些问题而导致产品的销量受限。然而这个发现异常数据项的过程依赖于人工，当数据的指标（或特征）数量不止一个时，分析师的任务会更加艰巨。如图 13.2 所示的统计图包含了某款产品在各城市的销量、销售额和成本。

经过仔细地观察分析，可以发现，除了杭州的销量存在异常之外，深圳的销量和销售额的比例也与其他城市有较大的不同，而这样的异常相对于杭州的销量而言更难被察觉。更进一步地，当存在更多的指标（或特征）和城市时，数据中的异常将会更难被察觉。另外，如果展示的数据是以表格方式（如表 13.1 所示）呈现时，分析师需要先想办法使用图表对其进行可视化展示后才能进行分析。

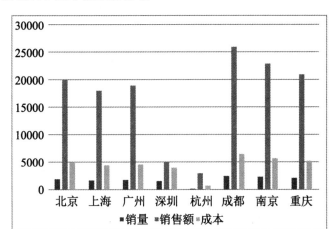

图 13.2　某款产品在各城市的销量、销售额和成本统计图

表 13.1　某款产品在各城市的销量、销售额和成本数据记录

	销　　量	销　售　额	成　　本
北京	2000	20000	5000
上海	1700	18000	4500
广州	1800	19000	4600
深圳	1600	5000	4000
杭州	300	3000	750
成都	2500	26000	6500
南京	2300	23000	5750
重庆	2100	21000	5250

因此，有必要开发一套自动异常检测的服务。下面我们将介绍离群点检测的基本原理及其具体实现。

13.2　离群点检测的基本原理

本节着重介绍离群点检测的基本原理。首先介绍如何基于多维高斯函数，实现离群点检测；然后讨论当数据的维度过多时，如何利用降维的方法进一步提高检测的效率和效果。

13.2.1　基于多维高斯函数检测离群点

经过 9.2.1 节的学习可知，根据一组数据的均值和标准差，可以根据以下式子计算出对应的高斯分布形态。

$$p(x) = \frac{1}{\sqrt{2\pi\sigma^2}} e^{-\frac{(x-\mu)^2}{2\sigma^2}} \tag{13.1}$$

以 13.1 节中的图 13.1 中的数据为例，得出图 13.3 所示的高斯函数图像。

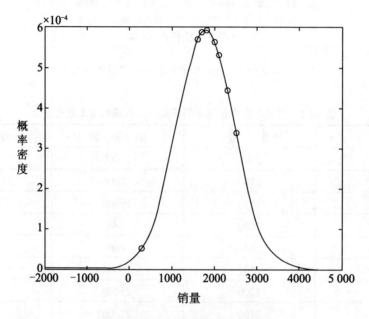

图 13.3　计算得出的高斯函数图像

图中圆点所表示的是不同城市的销量。观察图 13.3 可以知道，当销量在 500 以下或者在 3500 以上时，即 $x<500$ 或者 $x>3500$ 时，概率密度 $p(x)$ 的值较小。因此可以设置一个阈值 ε，并且认为当 $p(x)$ 小于该阈值时，数据属于离群点，是值得关注的异常数据项。当阈值 $\varepsilon=0.001$ 时，可以发现左下角的圆点为离群点，它正好对应着杭州的销量。

至此，我们似乎找到了一种检测离群点的方法，但还有一个问题需要解决，即阈值 ε 该如何确定？由于数据指标的取值范围千差万别，所以计算出来的均值和标准差自然也各不相同，而得到的图像，其横纵坐标的范围也有差别。因此，一种解决的方法是对数据进行归一化处理，使其取值范围映射到[0, 1]。如图 13.4 所示为经过归一化处理后利用式（13.1）进行计算而得出的高斯分布图像。

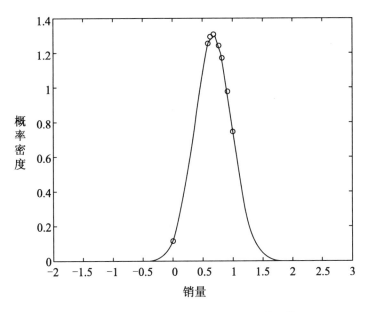

图 13.4　归一化后计算得出的高斯函数图像

当数据指标或特征的数量多于 1 个时，并能单纯地使用式（13.1）计算，可以采用第 9 章中所介绍的多维高斯函数进行计算，具体如下：

$$p(\boldsymbol{X}) = \frac{1}{\sqrt{(2\pi)^{D}|\boldsymbol{\Sigma}|}} \mathrm{e}^{-\frac{1}{2}(\boldsymbol{X}-\boldsymbol{U})^{\mathrm{T}}\boldsymbol{\Sigma}^{-1}(\boldsymbol{X}-\boldsymbol{U})} \tag{13.2}$$

图 13.5 展示了数据指标数或特征数为 2 时的高斯函数图像，而当数量超过 2 时，便很难用直观的图像进行展示了。

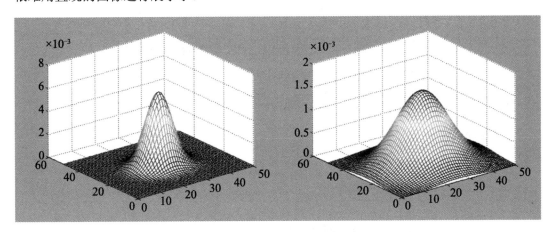

图 13.5　多维高斯函数图像

13.2.2　数据的有效降维

当要检测的指标或特征数量较多时，将会产生较大的计算量，同时可能会存在较多噪声而影响检测结果的质量。采用第 11 章中介绍的降维方法（主成分分析模型和自动编码机模型）对数据进行降维预处理，可以有效地解决该问题。表 13.2 展示了对表 13.1 中的数据进行降维后的结果。

表 13.2　降维后的数据记录

	列 1	列 2
北京	1.299	0.012
上海	1.120	-0.005
广州	1.181	-0.016
深圳	0.717	0.399
杭州	0.000	0.000
成都	1.732	0.000
南京	1.528	0.014
重庆	1.376	0.013

由于降维后的每个维度均经过复杂的计算得出，所以我们难以理解每个维度的含义。尽管如此，并不影响离群点检测方法的使用，因为该方法本身只需要对数据进行一系列的计算处理，而无须理解每一列的含义。作为离群点的中间结果，降维后的数据项并不需要保存，我们也不必去理解。

13.3　离群点检测功能服务的实现

下面我们根据上一节所阐述的理论实现离群点检测服务。

1. Java实现

代码 13.1 给出了离群点检测服务的实现类 OutlierDetector。

代码 13.1　OutlierDetector.java

```
1    import jm.app.algebra.AdvancedAlgebraUtil;
2    import jm.app.algebra.AlgebraUtil;
3    import jm.app.algebra.Matrix;
4    import jm.app.algorithm.GmmModel;
5    import jm.app.algorithm.PcaModel;
```

```
6
7    import java.math.BigDecimal;
8    import java.util.HashMap;
9    import java.util.Map;
10   import java.util.Set;
11
12   public class OutlierDetector {
13       private GmmModel gmmModel = new GmmModel();
14       private PcaModel pcaModel = new PcaModel();
15       // 最大特征数阈值，当超过这个阈值时进行降维处理
16       private final int MAX_FEATURE_NUM = 3;
17       // 离群点的阈值
18       private final double EPSILON = 0.01;
19
20       public Map<String, Double[]> detectOutlier(Map<String, Double[]>
         records) {
21           Map<String, Double[]> outliers = new HashMap<>();
22           Map<Integer, String> indexToKey = new HashMap<>();
23           // 步骤 1. 将输入的数据记录从 Map 类型转换为 Matrix 类型
24           Matrix x = null;
25           Set<String> keys = records.keySet();
26           if (null != keys && !keys.isEmpty()) {
27               // 获取特征的个数
28               String firstKey = keys.iterator().next();
29               Double[] firstFeatures = records.get(firstKey);
30               int featureNum = firstFeatures.length;
31               int recordNum = keys.size();
32               x = new Matrix(recordNum, featureNum);
33               //复制数据记录并记录每一行记录的索引
34               int i = 0;
35               for (String key : keys) {
36                   Double[] features = records.get(key);
37                   Matrix xi = new Matrix(1, featureNum);
38                   for (int c = 0; c < featureNum; c++) {
39                       xi.setValue(0, c, features[c]);
40                   }
41                   x = AdvancedAlgebraUtil.setRowVector(x, i, xi);
42                   indexToKey.put(i, key);
43                   i++;
44               }
45               // 当特征的个数太多时，使用主成分分析模型对数据进行降维
46               if (featureNum > MAX_FEATURE_NUM) {
47                   // 将归一化后的矩阵转换为 Matrix 数组的形式
48                   x = AlgebraUtil.normalize(x, 0);
49                   Matrix[] xiArray = new Matrix[x.getRowNum()];
50                   for (int j = 0; j < xiArray.length; j++) {
51                       xiArray[j] = AlgebraUtil.transpose(AlgebraUtil.get
                       RowVector(x, j));
52                   }
53                   pcaModel.train(xiArray, MAX_FEATURE_NUM);
54                   Matrix reducedX = new Matrix(xiArray.length, MAX_FEATURE_
                   NUM);
55                   for (int j = 0; j < xiArray.length; j++) {
56                       Matrix xj = xiArray[j];
```

```
57              reducedX = AlgebraUtil.setRowVector(reducedX, j,
58                  AlgebraUtil.transpose(pcaModel.encode(xj)));
59          }
60          x = reducedX;
61      }
62  } else {
63      return null;
64  }
65  // 步骤 2．计算均值向量 u 和协方差矩阵 sigma
66  x = AdvancedAlgebraUtil.normalize(x, 0);
67  Matrix u = AlgebraUtil.transpose(AdvancedAlgebraUtil.mean(x, 0));
68  Matrix sigma = AdvancedAlgebraUtil.covariance(x);
69
70  // 步骤 3．计算高斯函数的结果并检测离群点
71  for (int i = 0; i < x.getRowNum(); i++) {
72      Matrix xi = AdvancedAlgebraUtil.getRowVector(x, i);
73      BigDecimal p = gmmModel.gaussianFunction(xi, u, sigma);
74      if (p.doubleValue() < EPSILON) {
75          String key = indexToKey.get(i);
76          outliers.put(key, records.get(key));
77      }
78  }
79  return outliers;
80  }
81  }
```

2. Python实现

代码 13.2 给出了离群点检测的实现示例 outlier_detector.py。

代码 13.2　outlier_detector.py

```
1   import numpy as np
2   import py.algorithm.gmm_model as gmm_model
3   import py.algorithm.pca_model as pca
4   import py.algebra.albebra_util as au
5
6   class OutlierDetector():
7
8       def __init__(self):
            # 最大特征数阈值，当超过这个阈值时进行降维处理
9           self.max_feature_num = 2
10          self.pca_model = pca.PcaModel()
11          self.epsilon = 0.01                  # 离群点的阈值
12
13      def detect_outlier(self, records):
14          key_set = list(records.keys())
15          feature_num = len(records[key_set[0]])
16          record_num = len(key_set)
17          # 步骤 1．将输入的数据记录从 Map 类型转换为 Matrix 类型
18          x = np.zeros((record_num, feature_num))
19          for i in range(record_num):
20              key = key_set[i]
21              x[i, :] = records[key]
22
```

```
23              # 当特征的个数太多时，使用主成分分析模型对数据进行降维
24              if feature_num > self.max_feature_num:
25                  normalized_x = au.normalize(x, 0)
26                  x = np.zeros((record_num, self.max_feature_num))
27                  inputs = []
28                  for i in range(record_num):
29                      input = np.zeros((feature_num, 1))
30                      input[:, 0] = np.transpose(normalized_x[i, :])
31                      inputs.append(input)
32                  self.pca_model.train(inputs, self.max_feature_num)
33                  for i in range(record_num):
34                      xi = inputs[i]
35                      x[i, :] = np.transpose(self.pca_model.encode(xi))
36
37              # 步骤 2．计算均值向量 u 和协方差矩阵 sigma
38              x = au.normalize(x, 0)
39              u = au.mean(x, 0)
40              sigma = np.cov(np.transpose(x))
41
42              # 步骤 3．计算高斯函数的结果并检测离群点
43              outputs = {}
44              for i in range(record_num):
45                  xi = np.transpose(x[i, :])
46                  p = gmm_model.gaussian_fun(xi, u, sigma)
47                  if (p < self.epsilon):
48                      outputs[i] = xi
49              return outputs
```

13.4　应用实例：找出数据中的异常记录

上一节介绍了离群点检测的具体实现。本节将利用上一节的实现结果，来对 11.2.3 节中的示例数据进行离群点检测。

1．Java实现

代码 13.3 中的单元测试类 OutlierDetectorTest 给出了一个使用离群点检测的示例。

代码 13.3　OutlierDetectorTest.java

```
1   public class OutlierDetectorTest {
2       // readRecords 方法用于从文件中读取数据
3       private Map<String, Double[]> readRecords() throws Exception {
4           String rootPath = this.getClass().getResource("").getPath() +
            "../../../";
5           String fileName = "cc_general.csv";
6           Scanner scanner = new Scanner(new File(rootPath, fileName));
7           // 忽略第 1 行，因为第 1 行是字段名信息
8           scanner.nextLine();
9           Map<String, Double[]> data = new HashMap<>();
10          int number = 1;
```

```
11          while (scanner.hasNextLine()) {
12              System.out.println("Row #" + number + " Read");
13              String row = scanner.nextLine();
14              String[] field = row.split(",");
15              String rowKey = field[0];
16              // 忽略第 1 列，因为第 1 列是客户 ID，意义不大
17              Double[] values = new Double[field.length - 1];
18              for (int i = 1; i < field.length; i++) {
19                  if (null == field[i] || "".equals(field[i])) {
20                      field[i] = "0.0";
21                  }
22                  double value = Double.parseDouble(field[i]);
23                  values[i-1] = value;
24              }
25              data.put(rowKey, values);
26              number++;
27          }
28      return data;
29  }
30
31      @Test
32      public void testDetectOutlier() throws Exception {
33          // 读取数据
34          Map<String, Double[]> data = readRecords();
35          // 创建 OutlierDetector 对象
36          OutlierDetector outlierDetector = new OutlierDetector();
37          // 调用 detectOutlier 方法进行离群点检测
38          Map<String, Double[]> outliers = outlierDetector.detectOutlier
                (data);
39          // 打印离群点结果
40          System.out.println("Total Number of Outliers: " + outliers.
                size());
41          for (Map.Entry<String, Double[]> entry : outliers.entrySet()) {
42              System.out.println(entry);
43          }
44      }
45  }
```

2. Python实现

代码 13.4 给出了 outlier_detector.py 的使用示例。

代码 13.4　outlier_detector_test.py

```python
1   import os
2   import numpy as np
3   import py.service.outlier_detector as detector
4   import py.algebra.albebra_util as au
5
6   # read_records 函数用于从文件中读取数据
7   def read_records():
8       file_path = os.getcwd() + "/../../src/main/resources/cc_general_
            pended.csv"
9       x = np.loadtxt(file_path, delimiter=",", skiprows=(1), usecols=(1,
            2, 3, 4, 5, 6, 7, 8, 9, 10, 11, 12, 13, 14, 15, 16, 17), unpack=True)
```

```
10      x = np.transpose(x)
11      x = au.normalize(x, 0)
12      inputs = {}
13      for i in range(x.shape[0]):
14          inputs[i] = x[i, :]
15      return inputs
16
17  def test_detect_outlier():
18      # 读取数据
19      inputs = read_records()
20      # 创建 OutlierDetector 对象
21      outlier_detector = detector.OutlierDetector()
22      # 调用 detect_outlier 函数进行离群点检测
23      outputs = outlier_detector.detect_outlier(inputs)
24      # 打印离群点结果
25      print(outputs)
26
27  if __name__ == "__main__":
28      test_detect_outlier()
```

运行上面的示例代码，经过离群点检测后，从数据中得出 103 条异常记录，部分结果如下：

```
99
103
138
153
...
8404
8484
8500
```

13.5　习　　题

通过下面的习题来检验本章的学习效果。

1．本章给出的代码中采用了第 11 章介绍的主成分分析模型进行降维处理，尝试使用自动编码机进行降维处理，并对比结果的差异。

2．尝试不做降维处理，而直接对输入的数据进行离群点检测，并对比两者之间的差异。

3．尝试改变阈值 epsilon，观察离群点检测结果的差异。

4．本章所介绍的离群点检测与第 12 章介绍的时间序列异常检测有何异同？能否使用本章的离群点检测方法来对时间序列进行异常检测？

第 14 章　趋势线拟合

本章我们将探讨本书的最后一种趋势线拟合。首先介绍趋势线拟合的应用场景；然后阐述它的基本原理；接下来给出趋势线拟合功能服务的具体实现；最后通过具体示例，演示如何对样本数据进行趋势线拟合。

14.1　趋势线拟合的应用场景

趋势线拟合用于挖掘数据的潜在趋势，以期根据数据的发展趋势对未来有较好的应对计划。其实 Microsoft Excel 里面也有对应的功能，如图 14.1 所示，Excel 提供了 6 种类型的趋势线拟合功能，分别是线性趋势线、对数趋势线、指数趋势线、多项式趋势线、幂函数趋势线和移动平均趋势线。图 14.1 中的实线是原始数据，而虚线是拟合数据后的不同类型的趋势线。从图 14.1 中可以看到，不同类型的趋势线其形态各不相同，这些不同形态的趋势线可以帮助用户分析数据的走势，从而根据此走势制定相应的应对策略。

尽管趋势线拟合是一项十分实用的功能，但仍然需要用户使用 Microsoft Excel 根据数据先绘制出折线图，然后添加趋势线，这样的操作十分烦琐。另一方面，由于大部分情况下，用户的数据可能只存储于系统中，无法导出到外部，所以也无法放在 Microsoft Excel 中进行图表的绘制。事实上，我们可以在算法框架中实现 Microsoft Excel 的这项趋势线拟合功能。

更进一步，观察图 14.1 所示的 6 种不同类型的趋势线，乍一看我们并不知道哪一种类型的趋势线拟合得更好。换句话说，我们并不知道数据更符合哪一种类型的模型，似乎每一种都很合理，很难分辨出它们之间的差别。因此，我们在此基础上还可以给用户提供一个自动推荐趋势线的功能，能够根据拟合的误差来区分各个模型的优劣，从而帮助用户自动挑选出拟合得最优的趋势线。

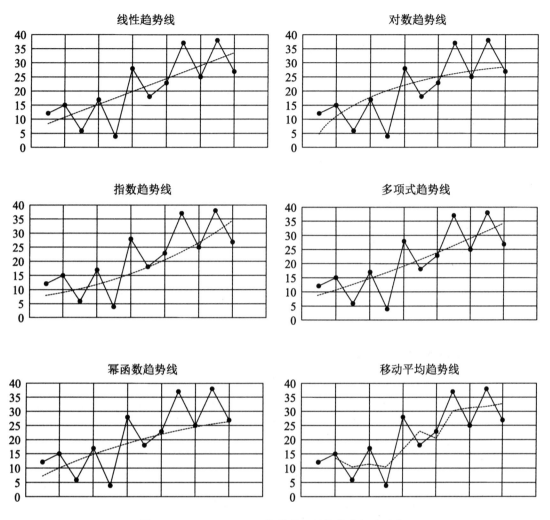

图 14.1　Microsoft Excel 提供的 6 种趋势线拟合功能

14.2　趋势线拟合的基本原理

本节着重阐述趋势线拟合的基本原理。首先介绍如何基于不同的回归模型实现如图
14.1 所示的趋势线拟合功能，然后进一步引入一种能够自动选取合适模型的方法，使得我
们可以获得最好的拟合效果。

14.2.1　基于不同基础回归模型的拟合

图 14.1 中的 6 种类型的趋势线可以被分类为两大类：线性、对数、指数、多项式和幂函数趋势线属于第一类；移动平均趋势线属于第二类。之所以这样分类，是因为前者基于线性模型进行拟合，而后者则基于非线性模型进行拟合。事实上，前者中的 5 种模型已经在第 7 章中进行了详细讲解，后者的移动平均线也在第 10 章中进行了介绍。接下来只需要将这些基础模型整合在一起，形成能够对外提供趋势线拟合功能的服务即可。

下面将以前 5 种趋势线类型（线性、对数、指数、幂函数和多项式）为主进行阐述，而移动平均趋势线这种类型留给读者作为练习题实现。前 5 种趋势线类型属于基础线性回归模型，均可以通过变换得到下式，并且解出模型的参数 $\boldsymbol{\beta}$。

$$Y = X\boldsymbol{\beta} \tag{14.1}$$

关于线性、对数、指数、幂函数和多项式模型的参数估计方法，可以参考第 7 章中的相关介绍，此处不再赘述。

14.2.2　选取合适的回归模型

本节将进一步实现类型自动推荐的功能。要推荐趋势线的类型，首先就必须知道哪一种类型好，哪一种类型不好。也就是说，要有一个客观的评价准则才可以做选择。而对于模型来说，最好的客观评价准则就是均方误差 RMSE 指标。每个模型的 RMSE 指标可以通过式（14.2）计算得到：

$$E_i = \sqrt{\frac{1}{N}\left\|\hat{Y}_i - Y\right\|_2^2} = \sqrt{\frac{1}{N}\left\|F_i(X) - Y\right\|_2^2} \tag{14.2}$$

式中，E_i 表示第 i 个模型的均方误差，$F_i(X)$ 是经过第 i 个模型拟合得出的趋势线所对应的数值，一般情况下，E_i 的值越小，说明拟合的效果越好（此处暂不考虑过拟合的情况）。在此基础上，可以通过比较不同模型下的均方误差，来选出误差最小的那个模型。

$$E = \min(E_1, E_2, E_3, E_4, E_5) \tag{14.3}$$

式（14.2）表示的是，对于自动推荐的模型，其均方误差是 5 种模型中均方误差的最小值。综上所述，有了这个原则我们就可以进一步去实现类型自动推荐的功能了。

14.3　趋势线拟合功能服务的实现

本节将根据 14.2 节所阐述的理论实现趋势线拟合服务。

1．Java实现

代码 14.1 给出了趋势线拟合服务的实现类 TrenLineService。

代码 14.1　TrendLineService.java

```
1    public class TrendLineService {
2        public List<Double> estimateValue(List<Double> values, TrendLine
     Enum trendLineType) {
3            BasicModel basicModel = null;
4            Matrix[] input = wrapMatrices(values);
5            Matrix x = input[0];
6            Matrix y = input[1];
7            // 根据趋势线类型参数，使用对应的模型进行拟合
8            switch(trendLineType) {
9                case AUTO:                    // 自动选择最优的模型进行拟合
10                   basicModel = selectBestModel(x, y);
11                   break;
12               case LINEAR:                  // 采用线性模型进行拟合
13                   basicModel = new LinearModel();
14                   break;
15               case LOGARITHM:               // 采用对数模型进行拟合
16                   basicModel = new LogarithmModel();
17                   break;
18               case EXPONENTIAL:             // 采用指数模型进行拟合
19                   basicModel = new ExponentialModel();
20                   break;
21               case POLYNOMIAL:              // 采用多项式模型进行拟合
22                   basicModel = new PolynomialModel();
23                   break;
24               case POWER:                   // 采用幂函数模型进行拟合
25                   basicModel = new PowerModel();
26                   break;
27               default:
28                   return null;
29           }
30           // 调用 optimize 方法计算模型参数
31           Matrix params = basicModel.optimize(x, y);
32           // 计算出拟合后的趋势线
33           Matrix yHat = basicModel.calcValue(x, params);
34           List<Double> trendLineValues = unwrapMatrix(yHat);
35           return trendLineValues;
36       }
37
38       // selectBestModel 方法用于自动选择最优模型，对应公式(14.3)
39       private BasicModel selectBestModel(Matrix x, Matrix y) {
40           List<BasicModel> models = new ArrayList<>();
41           models.add(new LinearModel());
42           models.add(new LogarithmModel());
43           models.add(new ExponentialModel());
44           models.add(new PolynomialModel());
45           models.add(new PowerModel());
46           // 使用所有模型对数据进行拟合，找出均方误差最小的模型作为最优模型
```

```
47              int bestModelIndex = -1;
48              double minRmse = Double.MAX_VALUE;
49              for (int i = 0; i < models.size(); i++) {
50                  BasicModel model = models.get(i);
51                  double rmse = calcRmse(model, x, y).doubleValue();
52                  System.out.println(String.format("Model: %s, RMSE: %f",
                    model, rmse));
53                  if (rmse < minRmse) {
54                      minRmse = rmse;
55                      bestModelIndex = i;
56                  }
57              }
58              BasicModel bestModel = models.get(bestModelIndex);
59              System.out.println("Best Model: " + bestModel);
60              return bestModel;
61          }
62
63          // calcRmse 方法用于计算给定模型的均方误差 RMSE
64          private BigDecimal calcRmse(BasicModel basicModel, Matrix x, Matrix y) {
65              Matrix params = basicModel.optimize(x, y);
66              Matrix yHat = basicModel.calcValue(x, params);
67              BigDecimal rmse = AlgebraUtil.multiply(AlgebraUtil.transpose
                (AlgebraUtil.subtract(yHat, y)),
68                  AlgebraUtil.subtract(yHat, y)).getValue(0, 0);
69              rmse = new BigDecimal(Math.sqrt(rmse.doubleValue() / y.getRowNum()));
70              return rmse;
71          }
72
73          // wrapMatrices 方法用于将 List 类型的数据转化为 Matrix 数组类型
74          private Matrix[] wrapMatrices(List<Double> values) {
75              Matrix x = new Matrix(values.size(), 1);
76              for (int i = 0; i < x.getRowNum(); i++) {
77                  x.setValue(i, 0, i + 1);
78              }
79              Matrix y = new Matrix(values.size(), 1);
80              for (int i = 0; i < y.getRowNum(); i++) {
81                  y.setValue(i, 0, values.get(i));
82              }
83              Matrix[] inputXAndY = new Matrix[2];
84              inputXAndY[0] = x;
85              inputXAndY[1] = y;
86              return inputXAndY;
87          }
88
89          // unwrapMatrix 方法用于将 Matrix 类型的数据转换为 List 类型的数据
90          private List<Double> unwrapMatrix(Matrix yHat) {
91              List<Double> trendLineValues = new ArrayList<>();
92              for (int i = 0; i < yHat.getRowNum(); i++) {
93                  trendLineValues.add(yHat.getValue(i, 0).doubleValue());
94              }
95              return trendLineValues;
96          }
97  }
```

其中，TrendLineEnum 用于表示趋势线类型的枚举类，其具体代码如下：

代码 14.2　TrendLineEnum.java

```java
1    public enum TrendLineEnum {
2        // 每个枚举值表示趋势线的一种类型
3        AUTO("auto", 0),                        // 自动选择最优模型
4        LINEAR("linear", 1),                    // 线性模型趋势线
5        LOGARITHM("logarithm", 2),              // 对数模型趋势线
6        EXPONENTIAL("exponential", 3),          // 指数模型趋势线
7        POLYNOMIAL("polynomial", 4),            // 多项式模型趋势线
8        POWER("power", 5);                      // 幂函数模型趋势线
9
10       private String name;
11       private int code;
12
13       TrendLineEnum(String name, int code) {
14           this.name = name;
15           this.code = code;
16       }
17   }
```

2. Python实现

代码 14.3 给出了趋势线拟合的实现示例 trend_line_service.py。

代码 14.3　trend_line_service.py

```python
1    import numpy as np
2    import py.service.trend_line_enum as tle
3    import py.algorithm.linear_model as linear_model
4    import py.algorithm.logarithm_model as logarithm_model
5    import py.algorithm.power_model as power_model
6    import py.algorithm.exponential_model as exponential_model
7    import py.algorithm.polynomial_model as polynomail_model
8
9    class TrendLineService():
10       # wrap_mat 函数用于将 list 类型的数据转换为 mat 类型
11       def wrap_mat(self, values):
12           x_mat = np.mat(np.zeros((len(values), 1)))
13           for i in range(x_mat.shape[0]):
14               x_mat[i][0] = i + 1
15           y_mat = np.mat(np.zeros((len(values), 1)))
16           for i in range(y_mat.shape[0]):
17               y_mat[i][0] = values[i]
18           matrices = []
19           matrices.append(x_mat)
20           matrices.append(y_mat)
21           return matrices
22
23       # unwrap_mat 方法用于将 mat 类型转换为 list 类型
24       def unwrap_mat(self, y_hat):
25           trend_line_values = []
26           for i in range(y_hat.shape[0]):
27               trend_line_values.append(y_hat[i, 0])
28           return trend_line_values
```

```
29
30      # calc_rmse 函数用于计算给定模型的均方误差 RMSE
31      def calc_rmse(self, model, x, y):
32          params = model.optimize(x, y)
33          y_hat = model.calc_value(x, params)
34          rmse = np.sqrt(np.dot(np.transpose(np.subtract(y_hat, y)), np.
            subtract(y_hat, y)) / y.shape[0])
35          return rmse
36
37      # select_best_model 函数用于自动选择最优模型，对应公式(14.3)
38      def select_best_model(self, x, y):
39          models = []
40          models.append(linear_model)
41          models.append(logarithm_model)
42          models.append(exponential_model)
43          models.append(polynomail_model)
44          models.append(power_model)
45          # 使用所有模型对数据进行拟合，找出均方误差最小的模型作为最优模型
46          best_model_index = -1
47          min_rmse = 9999999
48          for i in range(len(models)):
49              model = models[i]
50              rmse = self.calc_rmse(model, x, y)
51              print("Model: %s, RMSE: %f" %(model, rmse))
52              if rmse < min_rmse:
53                  min_rmse = rmse
54                  best_model_index = i
55          best_model = models[best_model_index]
56          print("Best Model: %s" %(best_model))
57          return best_model
58
59      def estimate_values(self, values, trend_line_type):
60          matrices = self.wrap_mat(values)
61          x = matrices[0]
62          y = matrices[1]
63          basic_model = linear_model
64          # 根据趋势线类型参数来使用对应的模型进行拟合
            # 自动选择最优模型进行拟合
65          if trend_line_type == tle.TrendLineEnum.AUTO:
66              basic_model = self.select_best_model(x, y)
            # 采用线性模型进行拟合
67          elif trend_line_type == tle.TrendLineEnum.LINEAR:
68              basic_model = linear_model
            # 采用对数模型进行拟合
69          elif trend_line_type == tle.TrendLineEnum.LOGRITHM:
70              basic_model = logarithm_model
            #采用指数模型进行拟合
71          elif trend_line_type == tle.TrendLineEnum.EXPONENTIAL:
72              basic_model = exponential_model
            # 采用多项式模型进行拟合
73          elif trend_line_type == tle.TrendLineEnum.POLYNOMIAL:
```

```
74          basic_model = polynomail_model
         # 采用幂函数模型进行拟合
75       elif trend_line_type == tle.TrendLineEnum.POWER:
76          basic_model = power_model
77       else:
78          return
79       # 调用 optimize 方法计算模型参数
80       params = basic_model.optimize(x, y)
81       # 计算出拟合后的趋势线
82       y_hat = basic_model.calc_value(x, params)
83       trend_line_values = self.unwrap_mat(y_hat)
84       return trend_line_values
```

其中，TrendLineEnum 用于表示趋势线类型的枚举类，其具体代码如下：

代码 14.4　trend_line_enum.py

```
1    from enum import Enum
2
3    class TrendLineEnum(Enum):
4       # 每个枚举值表示趋势线的一种类型
5       AUTO = 0                      # 自动选择最优模型
6       LINEAR = 1                    # 线性模型趋势线
7       LOGRITHM = 2                  # 对数模型趋势线
8       EXPONENTIAL = 3               # 多项式模型趋势线
9       POLYNOMIAL = 4                # 多项式模型趋势线
10      POWER = 5
```

14.4　应用实例：对样本数据进行趋势线拟合

14.3 节介绍了趋势线拟合的具体实现。本节将利用 14.3 节的实现结果，对 11.2.3 节中的示例数据进行趋势线拟合。

1. Java实现

代码 14.5 中的单元测试类 TrendLineServiceTest 给出了一个使用趋势线拟合的示例。

代码 14.5　TrendLineServiceTest.java

```
1    public class TrendLineServiceTest {
2        @Test
3        public void testTrendLineService() {
4            // 构造一组数据
5            Double[] y = new Double[]{400.0, 401.68, 399.395, 401.22, 407.21,
             410.25, 414.31, 414.63, 414.84, 414.56,415.62, 409.79, 407.86,
6            407.53, 409.67, 405.5};
7            List<Double> yAsList = Arrays.asList(y);
```

```
8          // 创建 TrendLineService 对象
9          TrendLineService trendLineService = new TrendLineService();
10         // 采用自动选择最优模型的方式进行趋势线拟合
11         List<Double> yHat = trendLineService.estimateValue(yAsList,
           TrendLineEnum.AUTO);
12         // 打印结果
13         System.out.println(yHat);
14     }
15 }
```

2. Python实现

代码 14.6 给出了 trend_line_service_test.py 的使用示例。

代码 14.6　trend_line_service _test.py

```
1   import py.service.trend_line_service as tls
2   import py.service.trend_line_enum as tle
3
4   def test_trend_line_service():
5       # 构造一组数据
6       y = [400.0, 401.68, 399.395, 401.22, 407.21, 410.25, 414.31, 414.63,
        414.84, 414.56,
7           415.62, 409.79, 407.86, 407.53, 409.67, 405.5]
8       # 创建 TrendLineService 对象
9       trend_line_service = tls.TrendLineService()
10      # 采用自动选择最优模型的方式进行趋势线拟合
11      y_hat = trend_line_service.estimate_values(y, tle.TrendLineEnum.
        AUTO)
12      # 打印结果
13      print(y_hat)
14
15  if __name__ == "__main__":
16      test_trend_line_service()
```

运行上面的示例代码，经过趋势线拟合后从数据中得出 103 条异常记录，部分结果如下：

```
Model: Linear Model, RMSE: 4.772817
Model: Logarithm Model, RMSE: 4.147959
Model: Exponential Model, RMSE: 4.779231
Model: Polynomial Model, RMSE: 2.477528
Model: Power Model, RMSE: 4.153150
Best Model: Polynomial Model
[397.5561635706914, 400.4085758513932, 403.0856728217603, 405.54847287903
016, 407.75799442044024, 409.67525584322794, 411.2612755446308, 412.47707
192188614, 413.2836633722315, 413.6420682929042, 413.51330508114177, 412.
8583921341816, 411.63834784926115, 409.8141906236179, 407.34693885448917,
404.1976109391125]
```

14.5　习　　题

通过下面的习题来检验本章的学习效果。

1．尝试使用自己的时间序列数据进行趋势线拟合。

2．尝试在 14.3 节的基础上，加入移动平均趋势线类型。

3．如果要根据对应的趋势线类型来预测数据后续的数值，应该如何实现？

4．尝试分析趋势线拟合和 10.2.3 节中的时间序列预测之间的区别。

5．本章所介绍的趋势线实际上只有线性、对数、指数、多项式和幂函数 5 种类型，除了这 5 种类型之外，能否实现一种新的趋势线类型？

推荐阅读

深度学习之TensorFlow：入门、原理与进阶实战

作者：李金洪　书号：978-7-111-59005-7　定价：99.00元

磁云科技创始人/京东终身荣誉技术顾问李大学、创客总部/创客共赢基金合伙人李建军共同推荐
一线研发工程师以14年开发经验的视角全面解析深度学习与TensorFlow应用

　　本书是一本有口皆碑的畅销书，采用"理论+实践"的形式编写，通过96个实战案例，全面讲解了深度学习和TensorFlow的相关知识，涵盖数值、语音、语义、图像等多个领域。书中每章重点内容都配有一段教学视频，帮助读者快速理解。本书还免费提供了所有案例的源代码及数据样本，以方便读者学习。

深度学习之PyTorch物体检测实战

作者：董洪义　书号：978-7-111-64174-2　定价：89.00元

百度自动驾驶高级算法工程师重磅力作，系统介绍物体检测的相关概念、发展和经典实现方法
教育部长江学者特聘教授王田苗、百度自动驾驶技术总监陶吉等7位专家力荐

　　本书系统地介绍了物体检测的相关知识，尤其是Faster RCNN、SDD和YOLO三个经典检测器的用法，另外还介绍了物体检测的轻量化网络、细节处理、难点问题及发展趋势，从实战角度给出了多种优秀的解决方法，适合物体检测的从业人员、深度学习爱好者及计算机视觉领域的研究人员阅读。

深度学习之图像识别：核心技术与案例实战（配视频）

作者：言有三　书号：978-7-111-62472-1　定价：79.00元

奇虎360人工智能研究院/陌陌深度学习实验室资深工程师力作
凝聚作者6余年的深度学习研究心得，业内4位大咖鼎力推荐

　　本书全面介绍了深度学习在图像处理领域中的核心技术与应用，涵盖图像分类、图像分割和目标检测的三大核心技术和八大经典案例。书中不但重视基础理论的讲解，而且从第4章开始的每章都提供了一两个不同难度的案例供读者实践，读者可以在已有代码的基础上进行修改和改进，加深对所学知识的理解。